《数学中的小问题大定理》丛书（第六辑）

鸡爪定理

金磊 著

◎潜龙勿用
◎见龙在田
◎龙战于野
◎飞龙在天
◎神龙摆尾
◎亢龙有悔

哈爾濱工業大學出版社
HARBIN INSTITUTE OF TECHNOLOGY PRESS

内容简介

本书主要介绍了与内心和外接圆有关的最重要的结论——鸡爪定理的应用. 重点介绍了两个基本模型,然后结合与其有关的很多定理及国外各种数学竞赛真题,介绍了此定理的应用. 第十八篇对本书中的经典几何模型做了总结和归纳.

本书可供准备参加数学竞赛的学生、老师及平面几何爱好者阅读.

图书在版编目(CIP)数据

鸡爪定理/金磊著. —哈尔滨:哈尔滨工业大学出版社,2020.5(2024.8 重印)

ISBN 978-7-5603-8424-5

Ⅰ.①鸡… Ⅱ.①金… Ⅲ.①平面几何-定理(数学) Ⅳ.①O123.1

中国版本图书馆 CIP 数据核字(2019)第 144988 号

策划编辑 刘培杰 张永芹
责任编辑 张永芹 李 烨
封面设计 孙茵艾
出版发行 哈尔滨工业大学出版社
社 址 哈尔滨市南岗区复华四道街 10 号 邮编 150006
传 真 0451-86414749
网 址 http://hitpress.hit.edu.cn
印 刷 哈尔滨圣铂印刷有限公司
开 本 787mm×960mm 1/16 印张 16.5 字数 183 千字
版 次 2020 年 5 月第 1 版 2024 年 8 月第 4 次印刷
书 号 ISBN 978-7-5603-8424-5
定 价 48.00 元

◎ 前言

一般地，对三角形三边（或三个顶点）对称的点称为三角形的心，众所周知的三角形的五心是：内心、外心、重心、垂心和旁心. 实际上，三角形的心多如牛毛. 印度数学家金伯林专门做了一个网站——三角形心的百科全书，迄今已经收录了 4 万多个三角形的心，每个心都有编号、性质和三线坐标. 其中排在第一位的心恰好就是内心. 事实上，三角形的所有心之中，内心的性质是最为复杂而丰富的，在国内外的竞赛考试中相关的题目层出不穷，与内心有关的赛题数量几乎占据了所有与三角形的心相关的题目的半壁江山. 而涉及内心的问题往往与鸡爪定理有关.

所谓的鸡爪定理即三角形的一个顶点处的内角平分线与外接圆的交点到内心

和另两个顶点的距离相等.

我们知道三角形的旁心和内心性质是类似的(一般统称为等心,因为它们到三角形三边的距离相等).如果引入旁心,进一步有三角形的一个顶点处的内角平分线与外接圆的交点到内心和此顶点所对的旁心及另两个顶点的距离相等.因为上述四条等线段形状像一个鸡爪,所以上述定理俗称为鸡爪定理.

鸡爪定理虽然简单,却十分重要.几乎涉及内心和外接圆的题目都和它相关.本书收集了与此定理相关的一些定理及赛题,正文分为十八篇,希望能帮助读者提升几何功力和数学水平.本着宁缺毋滥的原则,书中收录的题目并不是很多,但是每个题目都尽可能注明出处,每题前面也有个人的思考过程分析,并尽可能提供多种解答.题目后面往往有作者详细的注解,以帮助读者追本溯源,理清楚每个题目的来龙去脉,并努力将题目联系起来,尽力揭示题目的本质和题目之间的联系.第十八篇是前面题目的总结,将前文涉及的图形的几何性质总结归纳到了一起,当然每个图形的性质都是层出不穷的,作者也是管窥蠡测只见一斑,希望读者在学习中自行补充.附录中的几篇文章是对正文的一些补充,进一步揭示此定理在解决问题中的应用.

本书中的内容几乎都来源于本人的微信公众号"金磊讲几何构型",基本都是笔者在2018年5月到6月陆续完成的,在收录过程中又进行了一些修订和改进完善工作.

我要特别感谢我的家人对我学习和工作的支持,特别是我的妻子郑安媛几乎分担了我的所有杂务,并承担了我公众号上面的文章的编辑整理工作.还要感谢热心的吴彬晖老师义务担任了从公众号文章到本书的校稿工作,指出了文章中的多处错误.

本书适合于对数学竞赛感兴趣的学生和老师,以及平面几何爱好者.

由于笔者眼界和水平有限,文中疏漏之处在所难免.希望读者多多指教,可以在我的公众号留言或联系本人,邮箱:14136710@QQ.com.

西安交通大学附属中学
金磊
2019 年 6 月

⊙ 目录

第一篇

潜龙勿用

“鸡爪定理”的一般叙述为:

命题1 如图1,设 I 是 $\triangle ABC$ 的内心,延长 AI 交外接圆于点 S. 求证:$SI=SB=SC$.

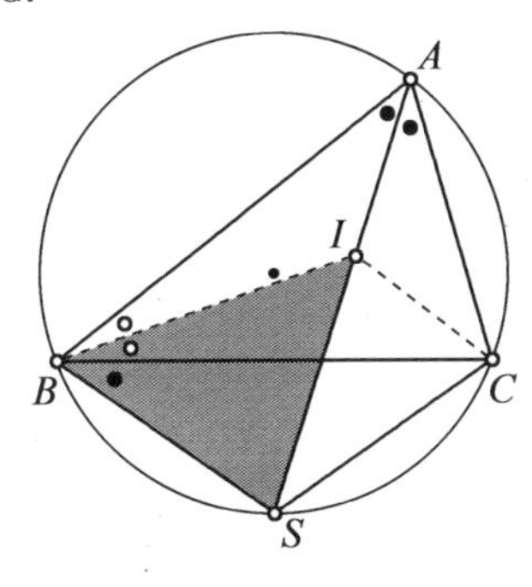

图1

证明 如图1,联结 BI,CI.

因为

$$\angle SIB=\angle IAB+\angle IBA=\frac{1}{2}\angle A+\frac{1}{2}\angle B$$

$$\begin{aligned}\angle SBI&=\angle IBC+\angle SBC\\&=\angle IBC+\angle SAC\\&=\frac{1}{2}\angle A+\frac{1}{2}\angle B\end{aligned}$$

所以$\triangle SBI$是等腰三角形,即$SI=SB$.

又因为$\angle BAS=\angle SAC$,所以$SB=SC$.

故$SI=SB=SC$.

因为三条线段像鸡爪,所以上述命题俗称鸡爪定理. 它虽然简单,却是内心最核心的性质,几乎涉及内心及外接圆的问题都要用它来解决.

鸡爪定理等价于S为$\triangle IBC$的外心. 进一步引入命题2.

命题2 如图2,设点M在BC上,MS交圆O于点M',则$SB^2=SM'\cdot SM$.

证明 如图2,因为

$$\angle SM'B=\angle SCB=\angle SBM$$

所以$\triangle SM'B\backsim\triangle SBM$,则$SB^2=SM'\cdot SM$.

本结论也很简单,一般称两个相似三角形为母子型相似,或者切割线定理的逆定理. 本结论证明方法很多,也可以利用根轴或者圆幂定理证明.

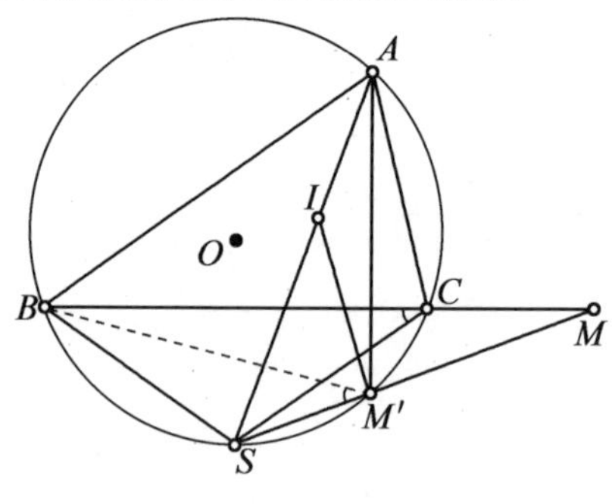

图2

这两个结论看起来非常容易,但是因为其结构很常见,所以应用极其广泛. 运用之妙,存乎一心,几何的

奇妙之处就在于用最简单的步骤解决复杂的问题.下面讲解几个笔者最近遇到的用鸡爪定理解决的问题.

1.(2017.1.20,"我们爱几何"公众号,作者:十五)如图3,I 为 $\triangle ABC$ 的内心,过点 I 作 BC 的垂线交圆于 P,Q 两点,PA,QA 分别交 BC 于点 E,F.求证:A,I,E,F 四点共圆.

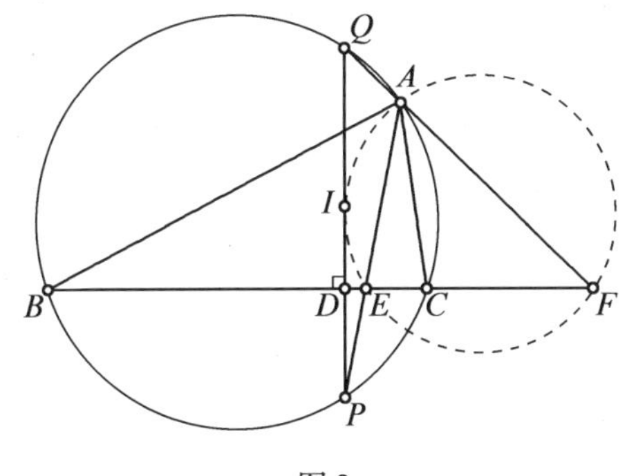

图3

证明　如图4,添加辅助线.

由鸡爪定理得

$$SC=SI=SB$$

由命题2得

$$\angle KJS=\angle SCP=\angle SAP$$

故 A,K,P,J 四点共圆.

又

$$SI^2=SP\cdot SJ$$

则

$$\angle SIP=\angle SJI$$

又

$$\angle SAP=\angle KJP$$

则

$$\angle IJD=\angle IPE$$

故 $IJ\perp AP$，则 E 为 $\triangle IPJ$ 的垂心，则

$$\angle IED=\angle IPJ=\angle SAF$$

故 A,I,E,F 四点共圆.

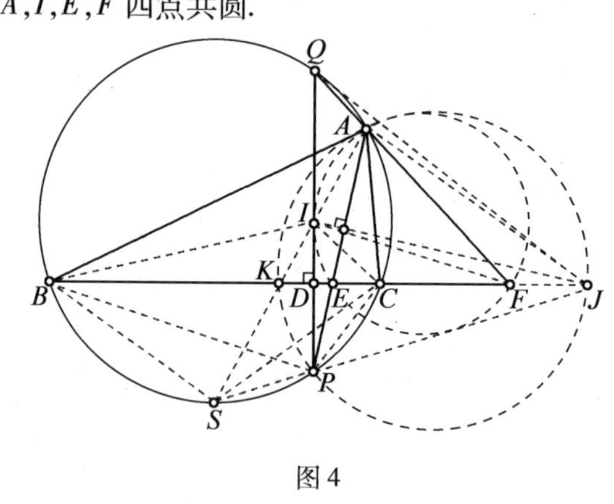

图 4

2.（2017 年俄罗斯数学奥林匹克最后一轮）如图 5，O,I 分别为 $\triangle ABC$ 的外心、内心，点 B 关于 OI 的对称点为 B'，求证：过点 I,B' 作 $\triangle BIB'$ 的外接圆的切线的交点在 AC 上.

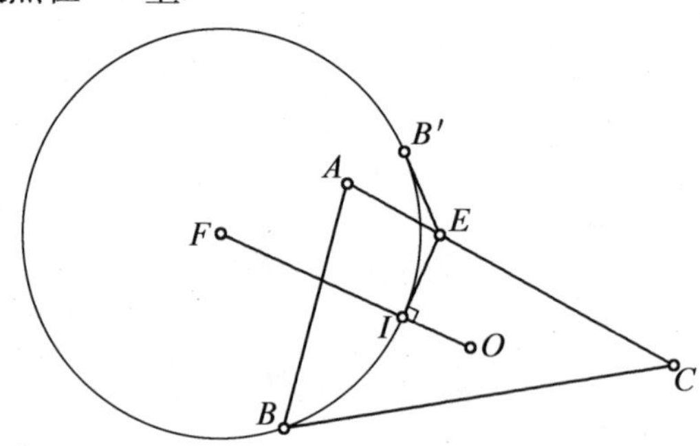

图 5

证法 1　如图 6，BI 交圆 O 于点 G，GB' 交 CA 于点

H,过点 I,B' 分别作 $\triangle BIB'$ 外接圆的切线交于点 E,由鸡爪定理得

$$GA=GC=GI$$

由命题 2 知

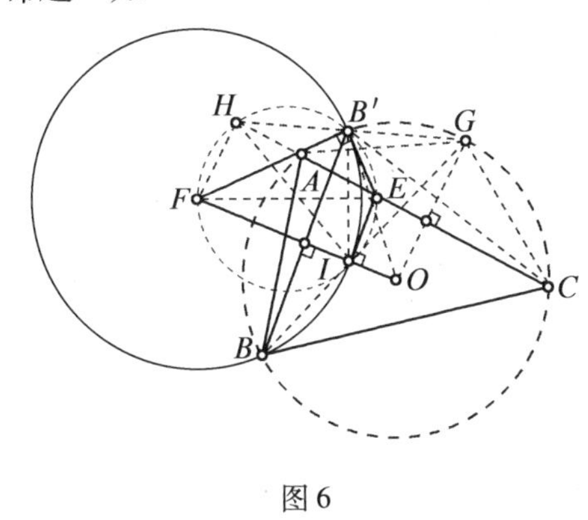

图 6

$$GI^2=GC^2=GB'\cdot GH$$

则

$$\triangle GIB'\backsim\triangle GHI$$

$$\angle GHI=\angle GIB'=2\angle IBB'=\angle IFB'$$

故 F,H,B',I 四点共圆,则

$$\angle FHC=\angle FHB'-\angle B'HC=\angle OIB'-\angle IBB'=90^\circ$$

又 F,I,E,B' 四点共圆,则 F,I,E,B',H 五点共圆,则

$$\angle FHE=\angle FIE=90^\circ=\angle FHC$$

故点 E 在 AC 上,即过点 I,B' 分别作 $\triangle BIB'$ 的外接圆的切线的交点在 AC 上.

证法 2　如图 7,AI,CI 分别交圆 O 于点 H,G,设过点 I 作 IO 的垂线分别交 AC,GH 于点 E,T,由蝴蝶

鸡爪定理

定理知

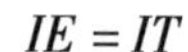

$$IE=IT$$

由鸡爪定理知

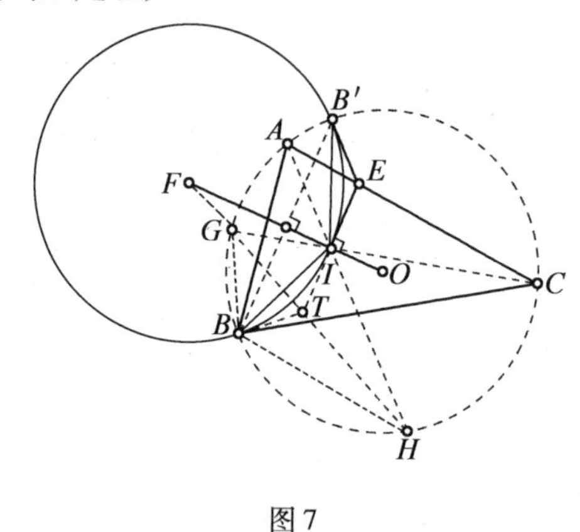

图 7

$$GB=GI, HB=HI$$

故 F,G,H 三点共线且为 BI 的中垂线,则

$$TB=TI$$

故 TB 为圆 F 的切线.

由对称性知 EB' 也为圆 F 的切线,即过点 I,B' 分别作 $\triangle BIB'$ 的外接圆的切线的交点在 AC 上.

3. (2017.6.20,“我们爱几何”公众号,作者:万喜人)如图 8,I 为 $\triangle ABC$ 的内心,点 D 在其外接圆上,过点 D 的圆的切线交 BC 于点 P,$\angle DPC$ 的平分线分别交 BI,CI 于点 E,F. 求证:F,I,E,D 四点共圆.

此题引发了很多讨论,也有很多有趣而精妙的证明,尤其是黄利兵老师将其本质抽取、推广,继而得到了一个更为一般的结论(见题 4).

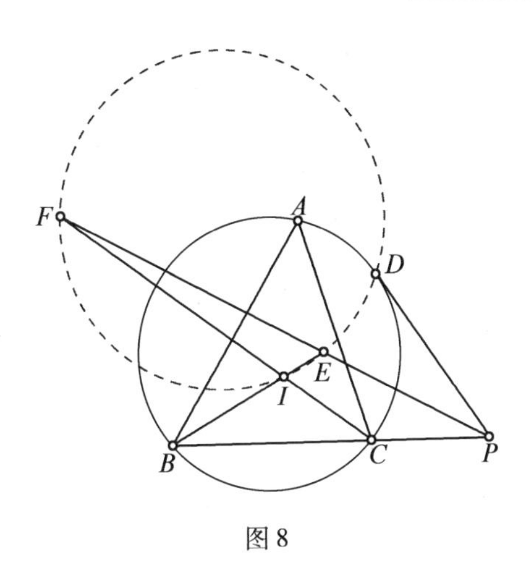

图 8

4. 如图 9,点 D' 在圆 M 的弦 BC 上,$MD \cdot MD' = MB^2$,I 为圆 M 上一点,BI,CI 分别交 DD' 的中垂线于点 E,F. 求证:D,E, I, F 四点共圆.

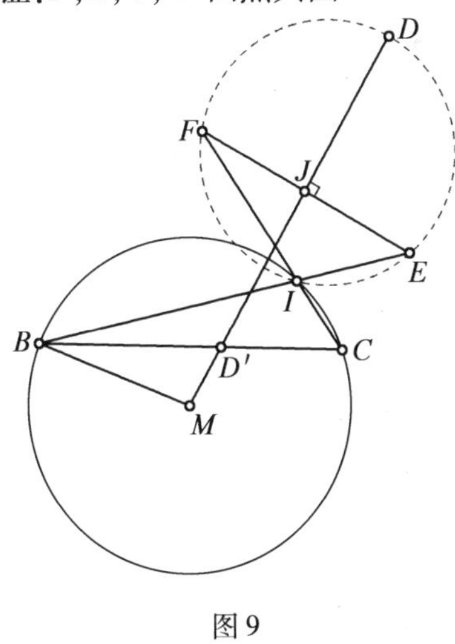

图 9

证明　如图10,因

$$FM^2-FD^2=JM^2-DJ^2=MD\cdot MD'=MB^2$$

故

$$FD'^2=DF^2=FM^2-MB^2=FI\cdot FC$$

由命题2知

$$\angle FD'I=\angle FCD'$$

同理

$$\angle ED'I=\angle EBC$$

故

$$\angle FDE=\angle FD'E=\angle FCD'+\angle EBC=180^\circ-\angle FIE$$

故 D,E,I,F 四点共圆.

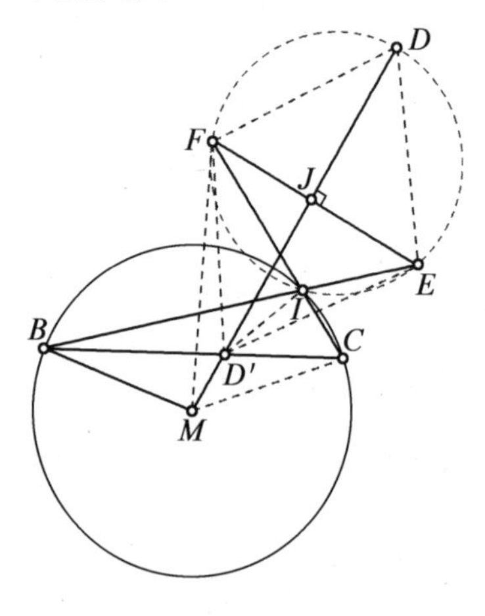

图10

注　事实上,EF 为点圆 D 和圆 M 的根轴.

最后以一个类似的问题作为思考题结束本篇.

5.(2017.6.19,“我们爱几何”公众号,作者:赵

斌）如图 11，I 为 $\triangle ABC$ 的内心，AI 交外接圆 O 于点 M，$\angle BIC$ 的外角平分线交 BC 于点 P，MP 交圆 O 于点 R. 求证：$\triangle AIR$ 的外心在 IP 上.

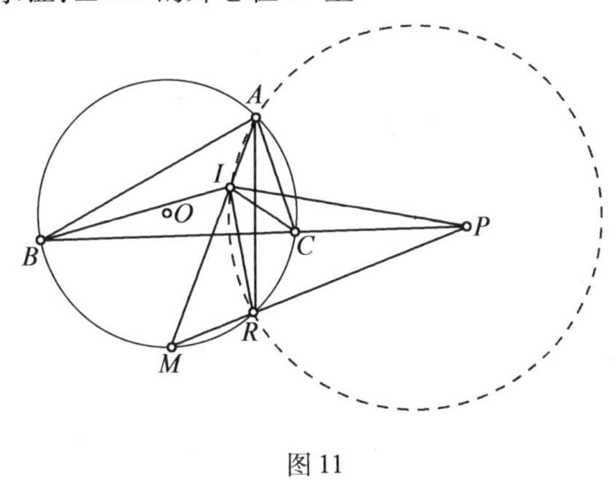

图 11

见龙在田

第二篇

上篇写了笔者最近利用鸡爪定理解决的几个问题. 今天笔者想详细回顾一下此定理的历史生成过程和经典应用, 希望能溯本求源,以正视听.

此定理源远流长,古已有之,但是冠名鸡爪定理的人据说是上海延安中学的钟建国老师. 鸡爪定理这个名字还是起得非常形象生动的,一经出现,马上广泛流传.

这里,我们还需要说明的是:

(1)鸡爪定理也可以作为内心的判定定理,如图 1,即若点 I 在 SA 上,且 $SB=SC=SI$,则 I 为 $\triangle ABC$ 的内心.

(2)三角形的内心和旁心是共生的,每一个内心具有的性质旁心都有对应的性质,不少人称此四点为三角形的"等心"(因为显然此四点到三角形三边的距离相等). 如果在鸡爪定理中再引入旁心,即若 I_1 是 $\triangle ABC$ 的边 BC 外侧的旁心,则 $SI_1=SB=SC=SI$;I_1,B,I,C 四点共圆,且 S 为圆心,证明类似. 这样四个"爪子"就更像鸡爪了.

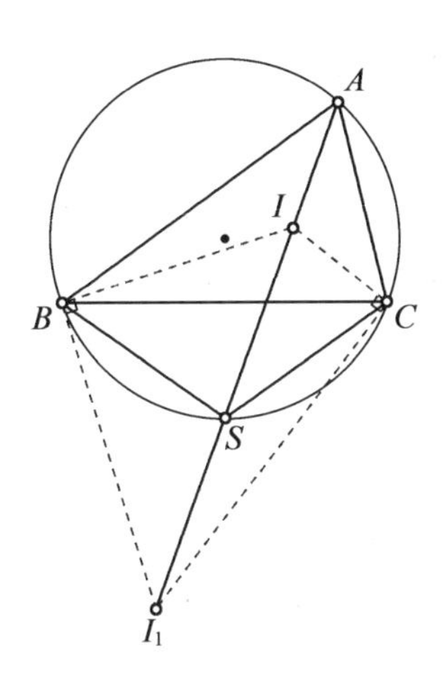

图 1

下面看看其经典应用.

1. 如图 2,四边形 $ABCD$ 内接于圆,$\triangle BCD$,$\triangle ACD$,$\triangle ABD$,$\triangle ABC$ 的内心分别为 A',B',C',D'. 证明:$A'B'C'D'$为矩形.(1986 年 IMO 中国国家集训队选拔考试)

证明　如图 2 所示,添加辅助线. 由鸡爪定理得 B,D',A',C 四点共圆,则

$$\angle CA'D' = 180° - \angle CBD'$$

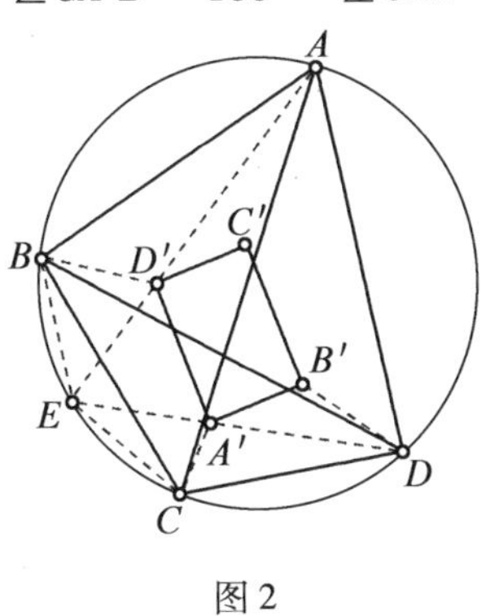

图 2

同理

$$\angle CA'B' = 180^\circ - \angle CDB'$$

则

$$\begin{aligned}\angle B'A'D' &= 360^\circ - \angle CA'D' - \angle CA'B' \\ &= \angle CBD' + \angle CDB' \\ &= \frac{1}{2}(\angle CBA + \angle CDA) = 90^\circ\end{aligned}$$

同理可证另三个角也为直角,即 $A'B'C'D'$ 为矩形.

注 (1)本题很老,简单且经典,事实上还有不少问题值得思考,例如其逆命题是否成立,何时矩形变成正方形,等等.

(2)前面我们说过,旁心和内心是等价的,每一个内心具有的性质旁心都有. 如果引入四个三角形的旁心,则图形蔚为大观. 事实上,本题是几何中的一个定理——富尔曼(Fuhrmann)定理的一部分, 此定理内容为:圆上四点构成的四个三角形,它们的内心和旁心共16个点分布在8条直线上,每条直线上有4点;且这8条直线是两组互相垂直的平行线,每组4条直线. 如图3所示,证明方法不再赘述.

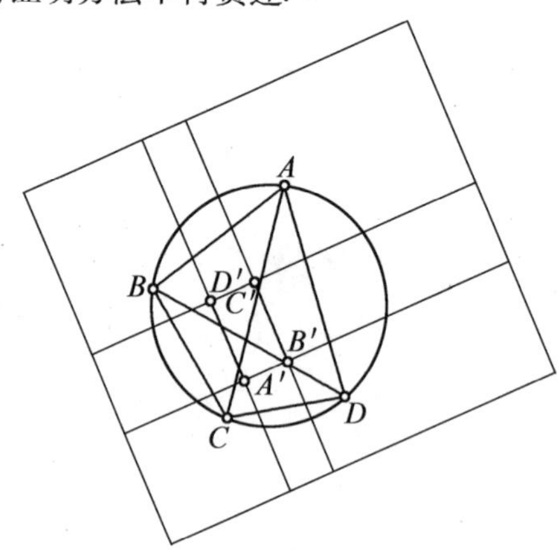

图3

2. 欧拉－察柏尔(Euler－Chapple)公式：$OI^2=R^2-2Rr$(其中 O,I 分别为$\triangle ABC$ 的外心、内心,R,r 分别为圆 O、圆 I 的半径).

证明　如图 4,易知 $\mathrm{Rt}\triangle NBS\backsim\mathrm{Rt}\triangle ADI$,得

$$\frac{NS}{BS}=\frac{AI}{ID}$$

即 $AI\cdot BS=2Rr$.

由鸡爪定理,$BS=IS$,得

$$AI\cdot IS=2Rr \tag{①}$$

而由圆幂公式,得

$$AI\cdot IS=R^2-OI^2 \tag{②}$$

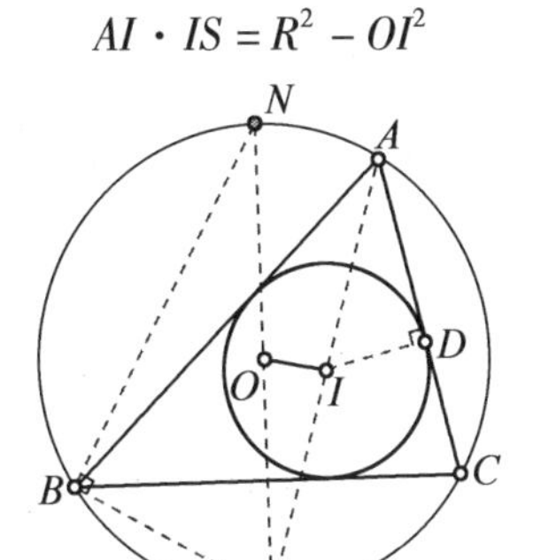

图 4

由式①②即知结论成立.

注　(1)本证明很典型,要求我们对圆幂定理有敏锐而准确的认识,还要合理利用鸡爪定理和相似,此证明值得反复品味和细细揣摩.

(2)其逆命题也是真的,如图 5,即过圆 O 上任意一点 D 作圆 I 的两条切线与圆 O 再次交于点 E,F,则 EF 与圆 I 相切. 此为 2009 年东南竞赛试题,证明大致过程如下:由欧拉－察柏尔公式及圆幂定理得 $DI\cdot$

$IP=2Rr$，而 $DI=\dfrac{r}{\sin\dfrac{D}{2}}$，于是 $IP=2R\sin\dfrac{D}{2}$；而由正弦定理，$EP=2R\sin\dfrac{D}{2}$，所以 $IP=EP$. 由鸡爪定理逆定理知 I 为 $\triangle DEF$ 的内心，即 EF 与圆 I 相切.

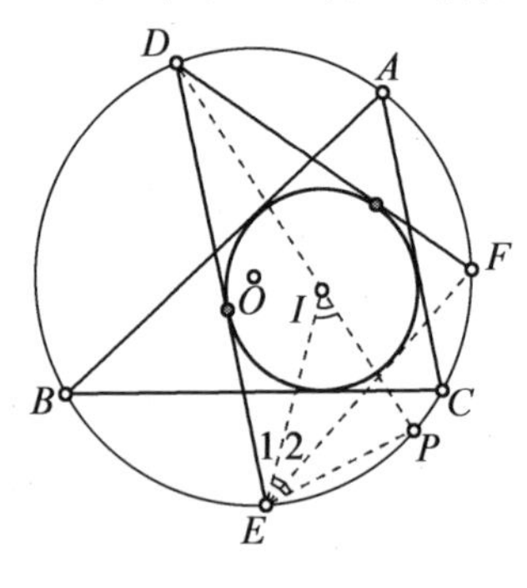

图 5

(3) 本结论也是经典而深刻的，第 4 届 IMO 考过其特例. 它刻画了有共同的内接、外切三角形的圆心距离与两圆半径之间的关系. 本结论可以大大推广，例如：如果一个四边形和一个圆相切又内接于另一个圆，则称其为双心四边形，有类似的性质. 进一步双心多边形也有很多复杂而神奇的性质，一般称为彭色列(Poncelet)闭合定理. 多边形能推广为圆，称为斯坦纳(Steiner)定理. 再进一步还能在空间中推广为索迪(Soddy)六球定理(索迪为英国化学家，诺贝尔化学奖获得者. 有兴趣的读者可以查阅相关资料)，而且此定理不只对圆成立，对于圆锥曲线也成立. 1982 年高考全国卷、2009 年高考江西卷及 2012 年高考浙江卷的解析几何压轴题分别是此定理在抛物线、椭圆和抛物线中的推广.

3.（人大附中早培 7 年级学生任弈海）如图 6，O，I，H 分别为 $\triangle ABC$ 的外心、内心、垂心，$OI /\!/ BC$，证明：$AI \perp IH$.

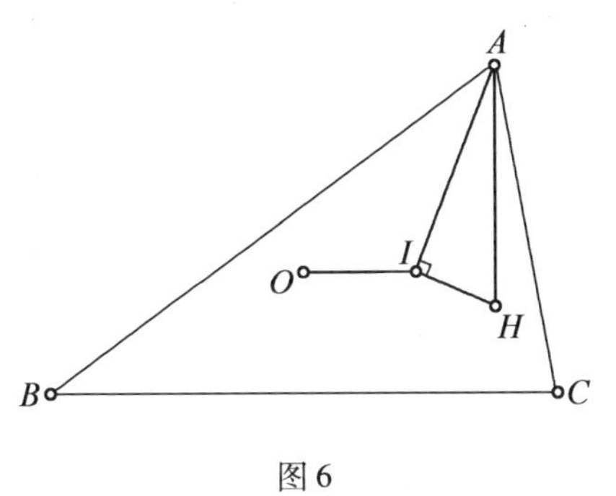

图 6

证明　如图 7，类似 2 题中的证明知

$$\triangle QBF \backsim \triangle ATI$$

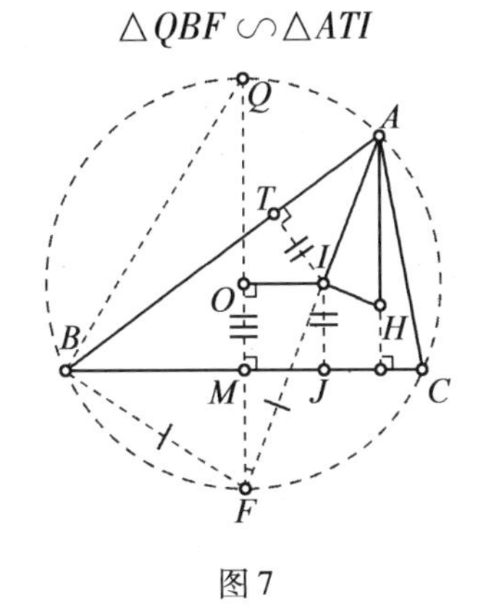

图 7

则

$$\frac{FB}{IT}=\frac{QF}{AI}=\frac{2OF}{AI}$$

又由垂心的性质知

$$AH = 2OM = 2IJ = 2TI$$

故

$$\frac{OF}{AI} = \frac{FB}{2IT} = \frac{FI}{AH}$$

$$\triangle OIF \backsim \triangle IHA$$

$$AI \perp IH$$

注 本结论还是很漂亮的,证明几乎照搬了欧拉定理,当然还可以考虑其逆命题.

4. 曼海姆(Mannheim)定理:如图 8,圆 O' 内切圆 O 于点 D,A 为大圆 O 上任一点,AB,AC 为圆 O 的弦,分别切圆 O' 于点 E,F,EF 交 AO' 于点 I,求证:I 为 $\triangle ABC$ 的内心.

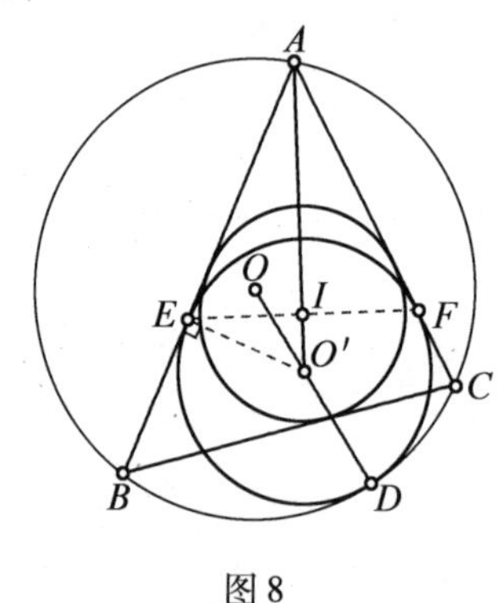

图 8

证明 利用点对圆的幂来计算. 如图 9,延长 AO' 交圆 O 于点 P,设圆 O,O'的半径分别为 R,r,则利用圆幂定理,得

$$\begin{aligned} 2Rr - r^2 &= R^2 - (R - r)^2 = R^2 - OO'^2 = AO' \cdot O'P \\ &= AO' \cdot IP - AO' \cdot IO' = \frac{r}{\sin\angle 1} IP - r^2 \end{aligned}$$

即 $IP=2R\sin\angle 1=BP$,则由鸡爪定理的逆定理知 I 为 $\triangle ABC$ 的内心.

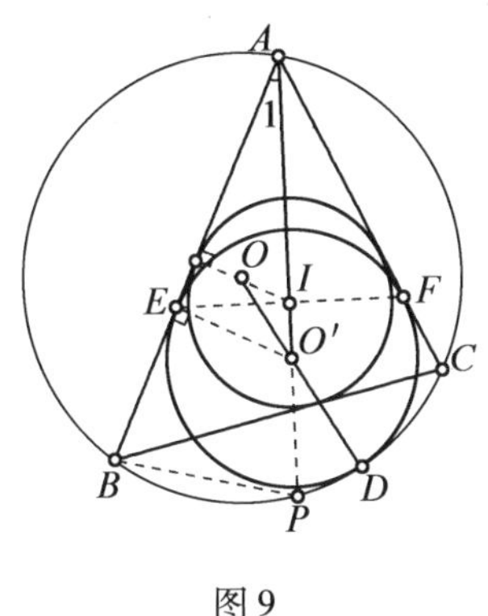

图 9

注　(1)曼海姆定理也是一个复杂的体系,证明方法有很多,图形也有很多有趣的性质,有很多题目都与之有关. 由上述证明不难发现其逆命题也是成立的,证明方法相同.

(2)圆 O' 一般称为“伪内切圆”,里面蕴含着丰富的性质,“文武光华数学工作室”里的潘成华和田开斌老师对此图形都有深入的研究和挖掘,发表过一系列文章,潘成华老师甚至被称为“伪圆(委员)长”.

(3)曼海姆定理的另外一种等价叙述是:A 为定圆 I 外一定点,圆 I 的动切线交过点 A 的圆 I 的切线于点 B,C,则 $\triangle ABC$ 外接圆 O 与某个定圆相切(或者说 $\triangle ABC$ 外接圆包络为圆),此定圆即为图 9 中的伪圆 O'. 进一步圆 O 的轨迹为双曲线,里面也有很多有趣的性质值得我们研究和推广. 而且显然此圆还能是旁切圆,这里再次强调内心和旁心的等价地位(图 10).

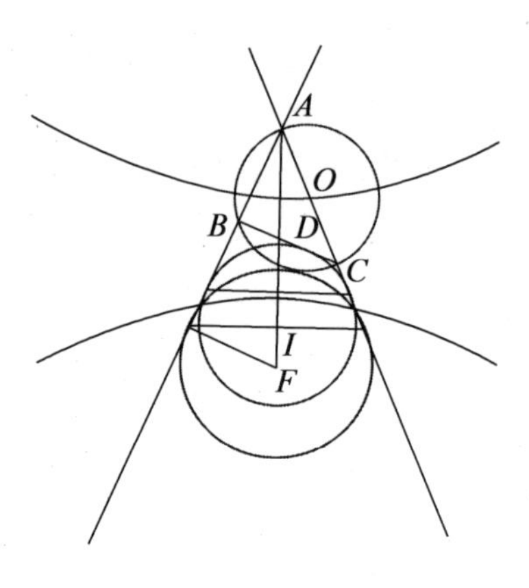

图 10

5. 如图 11，I 为 $\triangle ABC$ 的内心，M，N 分别为边 BC、弧 BAC 的中点. 求证：$\angle IMB=\angle INA$.

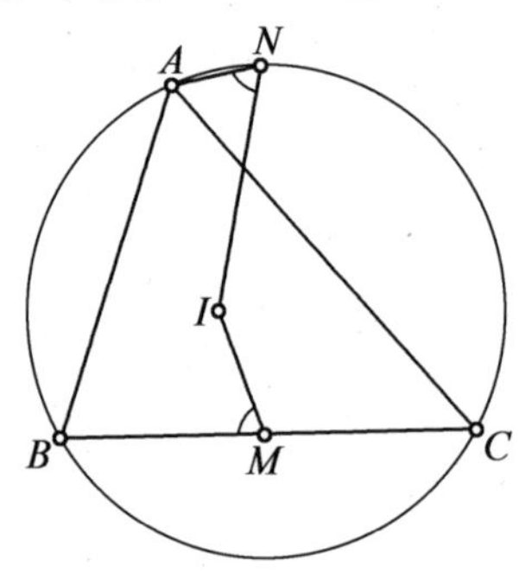

图 11

证明　如图 12，设 MN 交弧 BC 于点 F，则 A，I，F 三点共线，且 $\angle FMB=\angle FAN=90^\circ$.

由鸡爪定理得

$$FI^2=FM\cdot FN$$

故

$$\triangle FMI \backsim \triangle FIN$$

则

$$\angle FMI = \angle FIN$$

故

$$\angle IMB = \angle INA$$

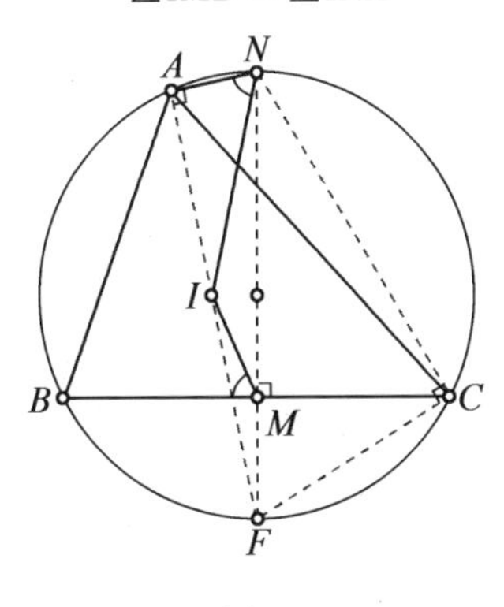

图 12

6. ［2017 年沙雷金（И. Ф. Шарыгин）几何奥林匹克 9 年级］如图 13，I 为 $\triangle ABC$ 的内心，M 为 AC 的中点，且 $AI \perp IM$，CI 交 $\triangle ABC$ 的外接圆于点 W. 求 $CI:IW$.

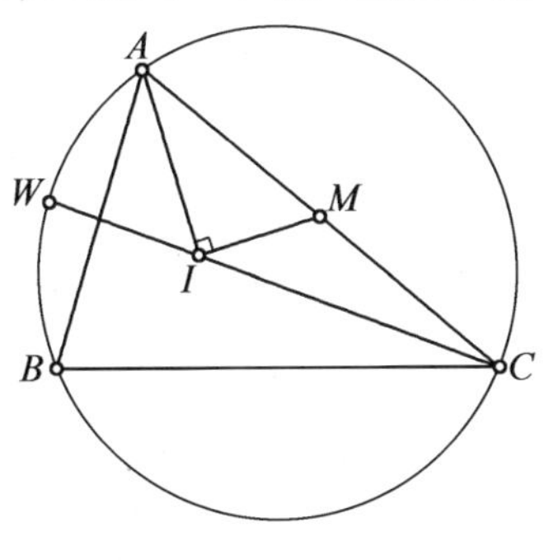

图 13

解 如图 14,延长 IW 到点 J,使得 $WJ=WI$,则由鸡爪定理得

$$JA\perp AI$$

则

$$JA/\!/IM$$

故 $IJ=IC$, $CI:IW=2:1$.

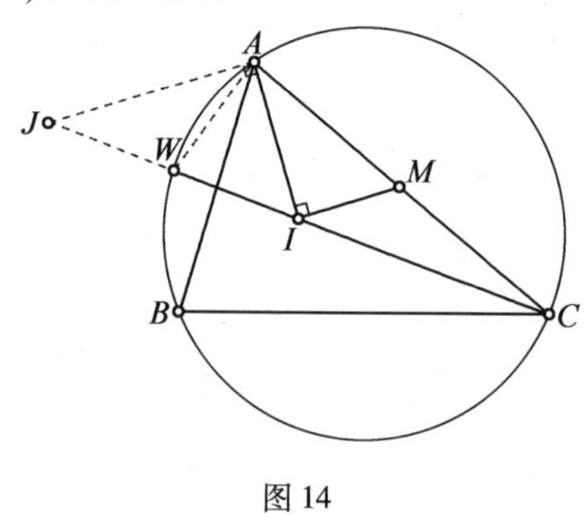

图 14

7.(萧振纲老师的讲义)如图 15,O,I 分别为 $\triangle ABC$ 的外心、内心,过点 I 作 OI 的垂线交边 BC 于点 E,过点 A 作 IE 的平行线交圆 O 于点 F,求证:$EI=EF$.

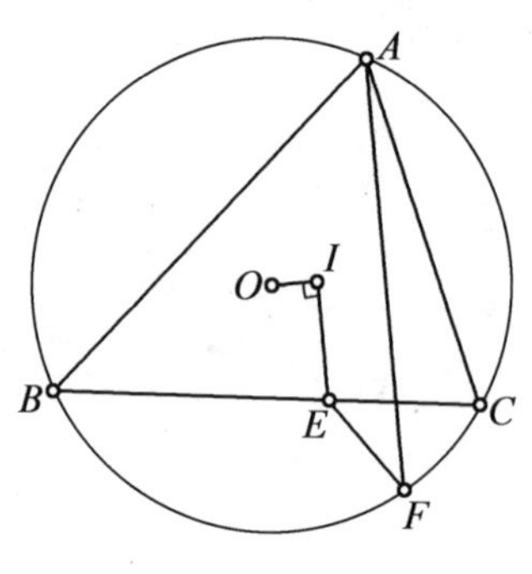

图 15

证明　如图 16,BI,CI 分别交圆 O 于点 H,G,设 EI 交 GH 于点 T,由蝴蝶定理知

$$IE=IT$$

由鸡爪定理知

$$GA=GI,HA=HI$$

故 GH 为 AI 的中垂线,则

$$TA=TI$$

从而 $ATEF$ 为等腰梯形.

故由对称知

$$EI=EF$$

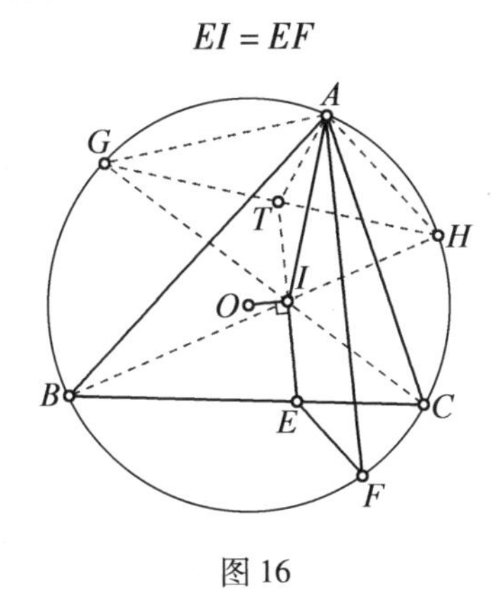

图 16

注　本题与第一篇命题 2 类似.

第三篇

先说点题外话，说到鸡爪，大家首先想到的是美味，有人已经开始流口水了. 我小时候生活在农村，家庭条件比较差，难得吃一顿鸡肉，但是那边有一个“规矩”：小孩子如果吃了鸡爪，写的字会像鸡爪挠的一样难看. 所以我与鸡爪一直“失之交臂”，只能望“爪”兴叹，不过似乎我的字依然很难看，经常是老师树立的反面典型. 后来我下功夫临摹了一些字帖，现在我的字基本能看了. 这当然是“取类比象”的迷信，两件事情之间是没有关系的！希望大家能大胆质疑生活中的一些不合理的繁文缛节. 不管男女老幼，我们都可以一边吃着美味的鸡爪，一边欣赏美丽的鸡爪定理.

再回顾一下鸡爪定理的内容：如图1，设 I 和 I' 分别是 $\triangle ABC$ 的内心和 $\angle A$ 的旁心，则 $SI=SB=SC=SI'$.

前面两篇分别介绍了鸡爪定理的最新应用和经典问题，但是这只是冰山一角，笔者天资有限，但是耐性尚好，知无不言言无不尽，喜欢咬定青山不放松，不

贪多求全,希望能把一个问题讲透彻,下面笔者继续介绍鸡爪定理在重大赛事中的应用.

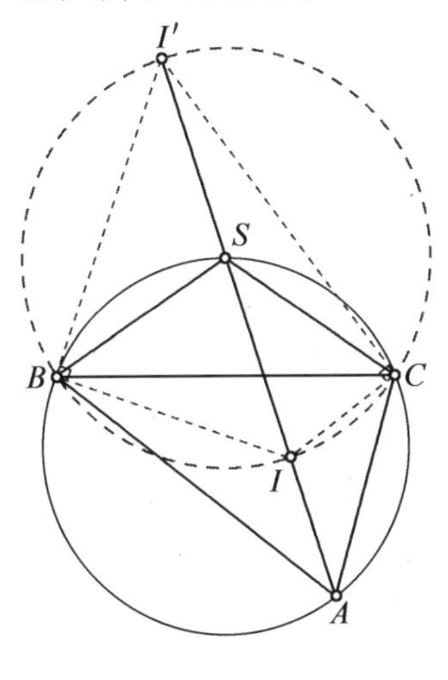

图 1

1.(1994 年全国高中数学联赛)如图 2,设$\triangle ABC$外接圆 O 的半径为 R,内心为 I,$\angle B=60°$,$\angle A<\angle C$,$\angle A$ 外角平分线交圆 O 于点 E. 求证:(1)$IO=AE$;(2)$2R<IO+IA+IC<(1+\sqrt{3})R$.

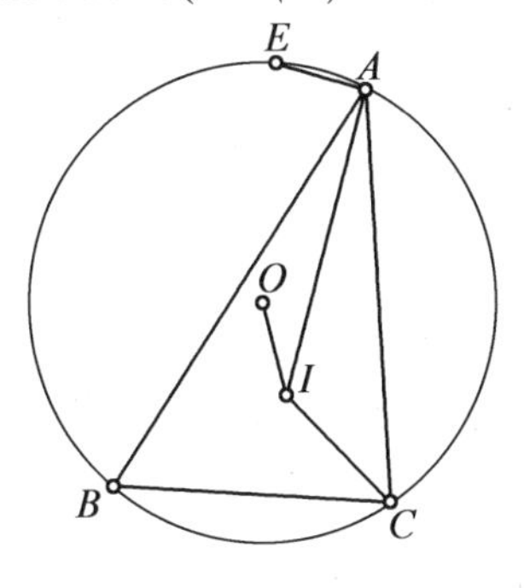

图 2

证明 (1)如图3,设 BI,AI 分别交圆 O 于点 G,D,显然 E,O,D 三点共线,则

$$\angle AIC = 90^\circ + \frac{\angle B}{2} = 120^\circ = 2\angle B = \angle AOC$$

由正弦定理得

$$GA = 2R\sin 30^\circ = R$$

结合鸡爪定理得点 A,O,I,C 在以 G 为圆心、R 为半径的圆上,则

$$\angle AOE = 2\angle OAD = \angle OGI$$

故 $\triangle AOE \cong \triangle OGI$(SAS),则 $IO = AE$.

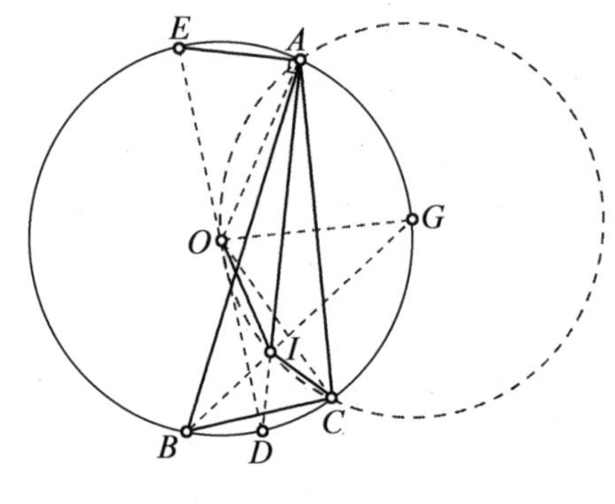

图3

(2)由鸡爪定理得

$$IC = ID$$

又

$$IO = AE$$

则在 $\triangle AED$ 中,有

$$AE + IA + ID > DE$$

即

$$IO + IA + IC > 2R$$

设 $\frac{1}{2}\angle A = \theta$,$0^\circ < \theta < 30^\circ$,则

$$\angle AED = 60^\circ + \theta$$

$$IO + IA + IC = 2R(\sin(60^\circ + \theta) + \cos(60^\circ + \theta)) = 2\sqrt{2}R\sin(105^\circ + \theta)$$

为关于 θ 的单调递减函数，当 $\theta = 0^\circ$ 时，取得最大值为 $(1+\sqrt{3})R$.

综上

$$2R < IO + IA + IC < (1+\sqrt{3})R$$

注　(1)本题另一种观察角度是含有一个 60° 角的三角形，这类三角形性质非常丰富，竞赛中也经常出现.

(2)本题第二问最后用了一些三角计算，虽然我叹服于几何之美，但是并不是说就不能使用几何以外的证题方法，纯几何思路受阻，马上就要调整思路，适当计算. 很多几何构型的核心是一些代数恒等式.

2. (1998 年全国高中数学联赛)如图 4，O，I 分别为 $\triangle ABC$ 的外心和内心，AD 是边 BC 上的高，点 I 在线段 OD 上. 求证：$\triangle ABC$ 的外接圆半径等于边 BC 上的旁切圆半径.

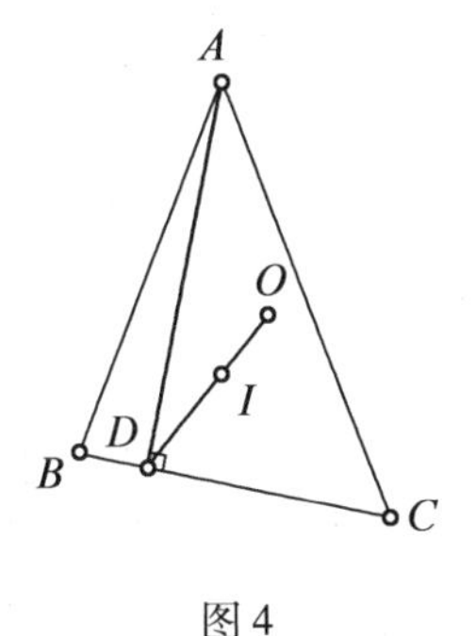

图 4

证明　如图 5，设旁心为 I'，则 A，I，I' 三点共线. 设 $I'H \perp BC$ 于点 H，显然 $OJ \perp BC$.

鸡爪定理

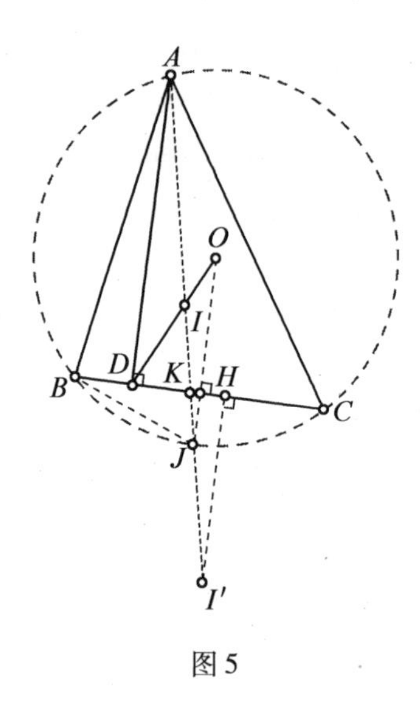

图 5

由鸡爪定理得

$$JI = JB = JI'$$

$$\begin{aligned} OJ = I'H &\Leftrightarrow OJ:AD = I'H:AD \\ &\Leftrightarrow JI:IA = I'K:AK \\ &\Leftrightarrow JI:IA = I'K:AK = (I'K - JI):(AK - AI) \\ &\qquad = JK:KI(\text{等比定理}) \\ &\Leftrightarrow JI:(IA + JI) = JK:(KI + JK)(\text{等比定理}) \\ &\Leftrightarrow JI:JA = JK:IJ \end{aligned}$$

最后这个等式显然是鸡爪定理的基本性质,从而原结论成立.

注 (1)对于本题笔者是记忆犹新,或者说是刻骨铭心,因为我就是1998年参加的全国高中联赛.虽然之前做了很多准备,但是当年的二试三个题目都非常难,我只把第一题通过复杂的三角计算算了出来,最后只是获得了陕西省一等奖,分数大概是十来名.当时陕西省只有三个参加冬令营的名额,我的高中竞赛就此止步

了,所以此题比较容易想到的方法是三角计算,就是过程稍微复杂一点.

(2)本篇第一段提到质疑的重要性,下面再说一件真实的事情说明质疑的好处.当年陕西省进冬令营的三名同学后来都成了我的大学同学,其中一名同学穆鹏程说了他进省队的原因——他质疑此题是错题!因为显然当三角形为等腰三角形时,O,I,D三点共线恒成立,此时不一定有其旁切圆半径等于外接圆半径.后来改卷组经过多次磋商和请示,认为此解答正确!我觉得判卷的结果非常合理,对这种敢于质疑的学生必须加以褒奖,这种学生一定前途无量(现在他好像已经是大学教授了).所以本题严格上讲应该再加上非等腰的条件.

3.(2005年全国高中数学联赛)如图6,在$\triangle ABC$中,设$AB>AC$,过点A作$\triangle ABC$的外接圆的切线l,又以点A为圆心,AC为半径作圆分别交线段AB于点D,交直线l于点E,F.证明:直线DE,DF分别通过$\triangle ABC$的内心与一个旁心.

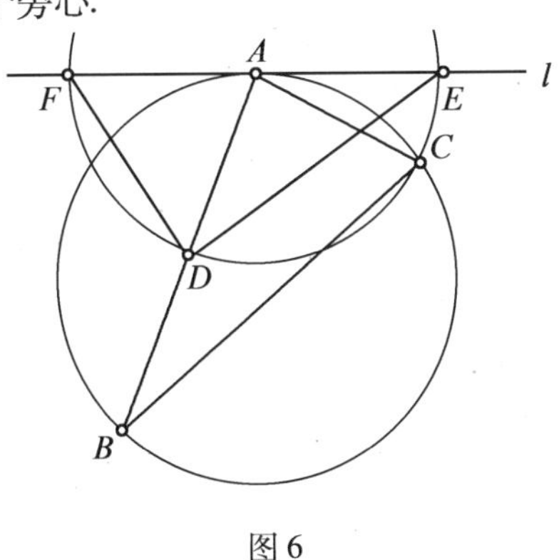

图6

证明　如图7,设$\angle BAC$的内角平分线分别交DE,DF于点I,I',则

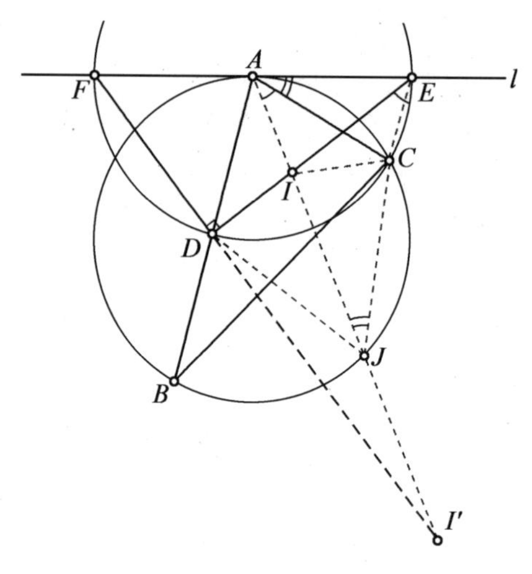

图 7

$$\angle CAI=\frac{1}{2}\angle BAC=\angle DEC$$

故 A,I,C,E 四点共圆，$\angle JIC=\angle AEC$；

又

$$\angle EAC=\angle IJC$$

故

$$\angle JCI=\angle ACE=\angle AEC=\angle JIC$$

即

$$JI=JC$$

由鸡爪定理的逆定理知 I 为$\triangle ABC$ 的内心，又

$$ID=IC,AD=AC$$

则 AIJ 为 CD 的中垂线，故

$$JD=JI=JC$$

又

$$ID\perp DI'$$

故

$$JI = JI'$$

从而 I' 为 $\triangle ABC$ 的内心，综上结论成立.

4.（2009 年全国高中数学联赛）如图 8，M，N 分别为锐角 $\triangle ABC$ 的外接圆 O 上弧 BC，AC 的中点. 过点 C 作 $CP /\!/ MN$ 交圆 O 于点 P，I 为 $\triangle ABC$ 的内心，联结 PI 并延长交圆 O 于点 T.

（1）求证：$MP \cdot MT = NP \cdot NT$；

（2）在弧 AB（不含点 C）上任取一个异于 A，B，T 的点 Q，记 $\triangle AQC$，$\triangle BQC$ 的内心分别为 X，Y. 求证：Q，T，X，Y 四点共圆.

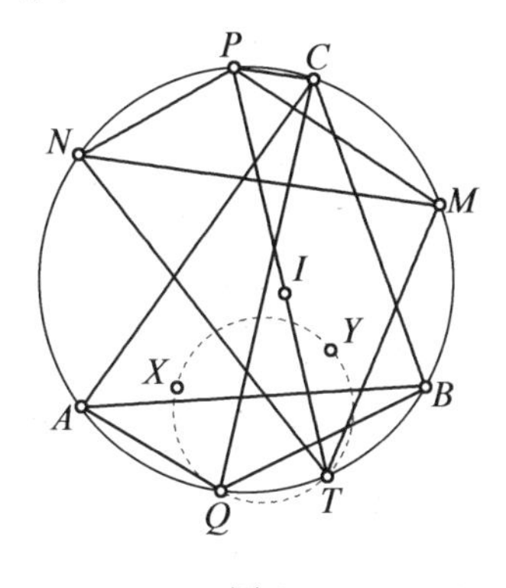

图 8

证明　（1）如图 9，依题意 N，I，B 及 A，I，M 分别三点共线，由 $CP /\!/ MN$ 得 $CPNM$ 为等腰梯形，由鸡爪定理得

$$NI = NC = PM, MI = MC = PN$$

故 $NIMP$ 为平行四边形，则 PI 平分 NM，故 $\triangle NPT$ 与 $\triangle MPT$ 面积相等，故

$$MP \cdot MT = NP \cdot NT$$

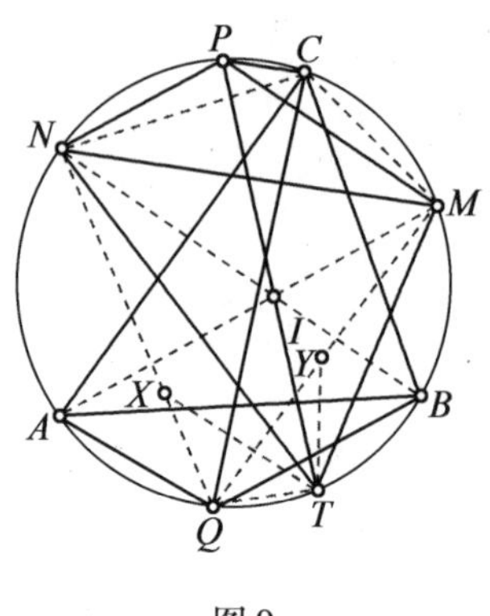

图 9

(2)依题意 N,X,Q 及 Q,Y,M 分别三点共线,由鸡爪定理得

$$NX=NC=PM, MY=MC=PN$$

再结合(1)得

$$NX:MY=TN:TM$$

又

$$\angle QNT=\angle QMT$$

故

$$\triangle TXN \backsim \triangle TYM$$

则

$$\angle QXT=\angle QYT$$

所以 Q,T,X,Y 四点共圆.

注 (1)本题图形略复杂,但是只要抓住内心的核心性质——鸡爪定理,解法并不难想到.第二问中的相似也是由共圆自然分析出来的.

(2)本题中点 T 实际上就是曼海姆定理中伪内切圆与外接圆的切点,这也算是曼海姆定理构型中的性质,里面还有很多“宝藏”值得我们挖掘.

5.(2017.6.19,"我们爱几何"公众号,作者:赵斌)如图10,I 为 $\triangle ABC$ 的内心,AI 交外接圆 O 于点 M,$\angle BIC$ 的外角平分线交 BC 于点 P,MP 交圆 O 于点 R. 求证:$\triangle AIR$ 的外心在 IP 上.

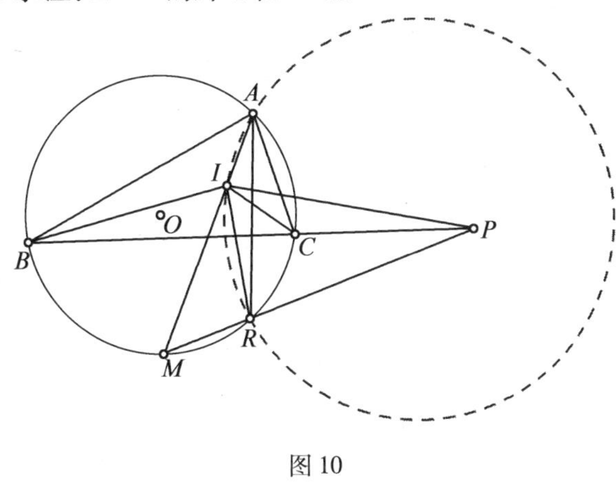

图 10

证明　如图11,设 $\triangle AIR$ 的外心为 O',$\triangle ABC$ 的三个内角为 $\angle A$,$\angle B$,$\angle C$. 由鸡爪定理知

$$MI^2 = MB^2 = MT \cdot MA = MR \cdot MP$$

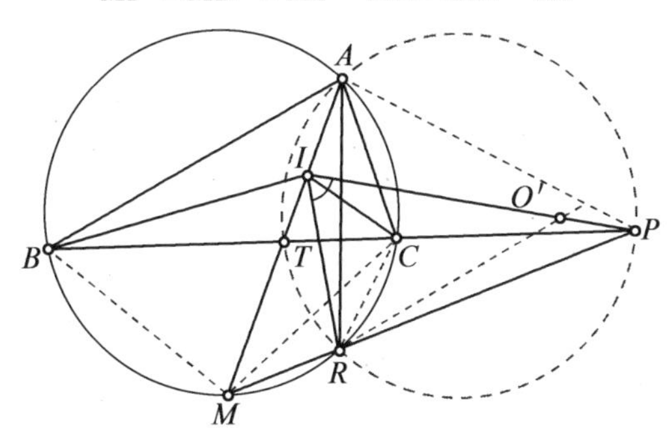

图 11

则 A,T,R,P 四点共圆,从而

$$\begin{aligned}\angle RIP &= \angle MIP - \angle MIR \\ &= \angle MIC + \angle CIP - \angle RPI \\ &= \angle MCI + \angle CIP - \angle RPC - \angle CPI \\ &= \angle MCB + \angle ICB + \angle CIP - \angle RAI - \angle CPI \\ &= \angle MCB + 2\angle CIP - \angle RAI \\ &= \frac{1}{2}\angle A + \frac{1}{2}(\angle B + \angle C) - \angle RAI \\ &= 90^\circ - \angle RAI \\ &= 90^\circ - \frac{1}{2}\angle RO'I = \angle RIO'\end{aligned}$$

即点 O'在 IP 上.

注 此题为第一篇鸡爪定理的最后思考题,如果我们对这个构型比较熟悉,那么这个题目还是比较简单的.

6.(2010 年第 51 届 IMO)如图 12,设$\triangle ABC$ 的内心为 I,外接圆为 O,AI 交圆 O 于点 D,E 为弧 BDC 上一点,F 为 BC 上一点,且$\angle BAF = \angle CAE < \angle BAD$,$G$ 是 IF 中点. 求证:DG 与 EI 交点在圆 O 上.

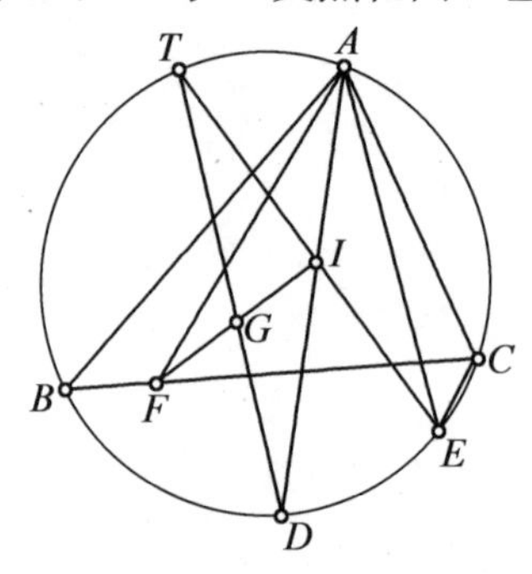

图 12

思路分析　如图13,证明结果有些模糊,中点很难用,由图形的唯一性,设EI交圆O于点T,我们等价于证明TD平分IF,由梅涅劳斯(Menelaus)定理等价于证明

$$(AD:ID)(IG:GF)(FJ:JA)=1$$

即证明$AD:DI=AJ:JF$,即证明$AD:(DI+AD)=AJ:AF$.

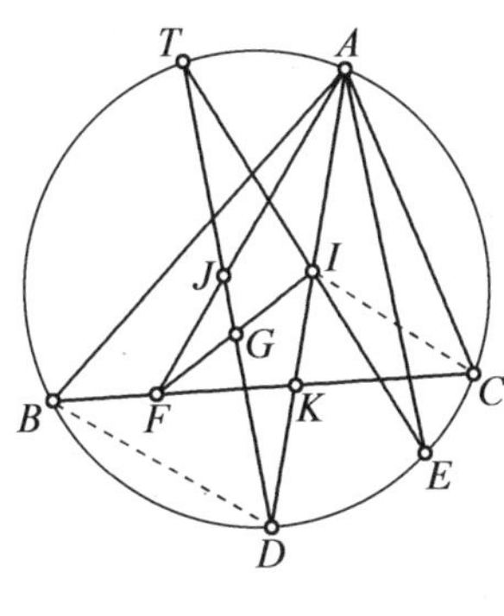

图13

易知

$$\triangle ABF\backsim\triangle AEC$$

故

$$AF:AC=AB:AE$$

同理

$$\triangle AJD\backsim\triangle AIE$$

故

$$AJ:AI=AD:AE$$

两式相除得

$$AJ:AF=(AD:AB)(AI:AC)$$

从而只需证明

$$AD:(DI+AD)=(AD:AB)(AI:AC)$$

即证明

$$AB:(DI+AD)=AI:AC$$

至此基本结束,因为结果已经与 E,F 无关.

由角平分线定理得

$$AI:AC=KI:CK=AK:(AC+CK)$$

又

$$\triangle ACK\backsim\triangle ADB$$

故

$$AK:(AC+CK)=AB:(DB+AD)$$

由鸡爪定理得

$$DI=DB$$

从而结论成立.

最后说一下,本篇里面的题目都很经典,很多同学可能都反复做过,但是正如单墫老师所言:“好的音乐,不妨多听几遍;好的题目,不妨多做几遍.”建议大家重新思考一下做过的题目,一定会有新的收获.温故而知新,温故必知新,甚至还要学新以温故.我们在做新题的时候如果能联想到做过的其他题目,一定要及时回顾、对比、提升,这样对新的问题和老的问题都会有深刻的印象和理解.这也是笔者在学习中的一点经验和体会,希望对大家有所帮助.

利涉大川

第四篇

1.（2006 年第 47 届 IMO）如图 1，I 为 $\triangle ABC$ 的内心，P 在 $\triangle ABC$ 内部，且 $\angle PBA+\angle PCA=\angle PBC+\angle PCB$. 求证：$AP\geqslant AI$，且等号成立的充要条件是 $P=I$.

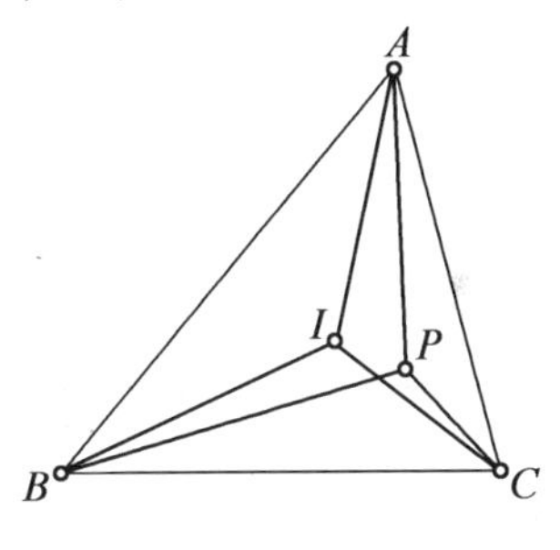

图 1

思路分析 必然先确定点 P 的位置，易得 $\angle BPC=\angle BIC$，从而得证.

证明

$$\begin{aligned}\angle BPC&=\angle BAC+\angle PBA+\angle PCA\\&=\angle BAC+\frac{1}{2}(\angle CBA+\angle ACB)\\&=90^\circ+\frac{1}{2}\angle BAC\\&=\angle BIC\end{aligned}$$

如图2,设AI交$\triangle ABC$的外接圆于点M,由鸡爪定理得点P在以M为圆心、MI为半径的圆上运动,故

$$AI+IM=AM\leqslant AP+PM$$

即$AP\geqslant AI$,且等号成立的充要条件是$P=I$.

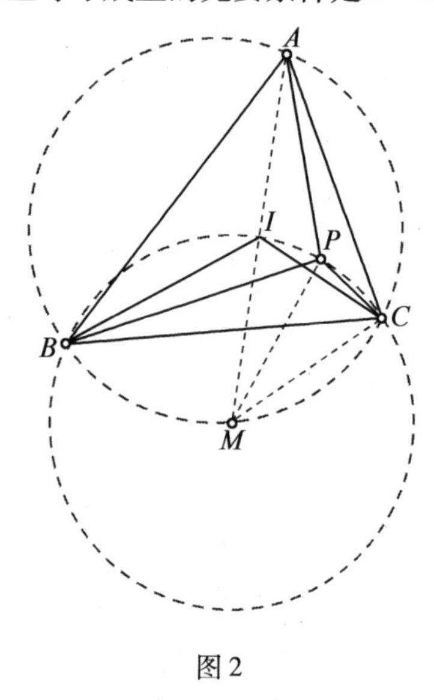

图2

注 证明本题的关键是确定点P的轨迹.

2.(2002年第43届IMO)如图3,BC为圆O的直径,A为圆O上一点,$\angle AOB<120°$,D是弧AB(不含点C)的中点,过点O平行于DA的直线交AC于点I,OA的中垂线交圆O于E,F两点.证明:I是$\triangle CEF$的内心.

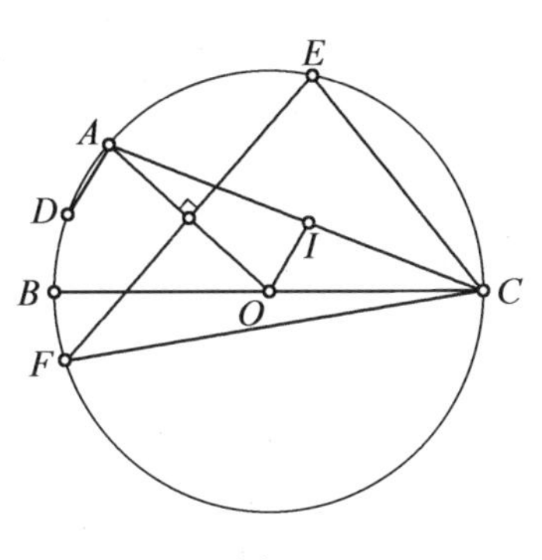

图 3

思路分析　如图 4，由中垂线得 $AO=AE$，以下倒角证明 $AI=AO$ 即可.

证明　如图 4，依题意

$$\begin{aligned}\angle AIO&=90^\circ-\angle DAB=90^\circ-\angle DCA\\&=90^\circ-\frac{1}{2}\angle ACO=90^\circ-\frac{1}{2}\angle OAI\end{aligned}$$

故 $\triangle AOI$ 的高线与角平分线重合，则 $AI=AO$.

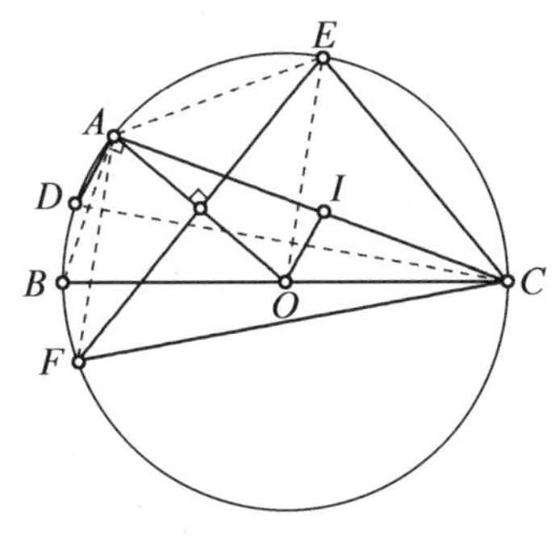

图 4

由 EF 为 AO 的中垂线知

$$AE=EO=OA=AI=AF$$

由鸡爪定理的逆定理得 I 为 $\triangle CEF$ 的内心.

注 本题的叙述略有些特别,事实上它就是第三篇中的第1题中一角为60°的三角形的基本性质.

3. (2011年第26届CMO)如图5,D 是锐角 $\triangle ABC$ 的弧 BC 的中点,X 在弧 BD 上,E 为弧 ABX 的中点,S 在弧 AC 上,SD 交 BC,SE 交 XA 于点 R,T,且 $RT/\!/DE$. 求证:$\triangle ABC$ 内心在 RT 上.

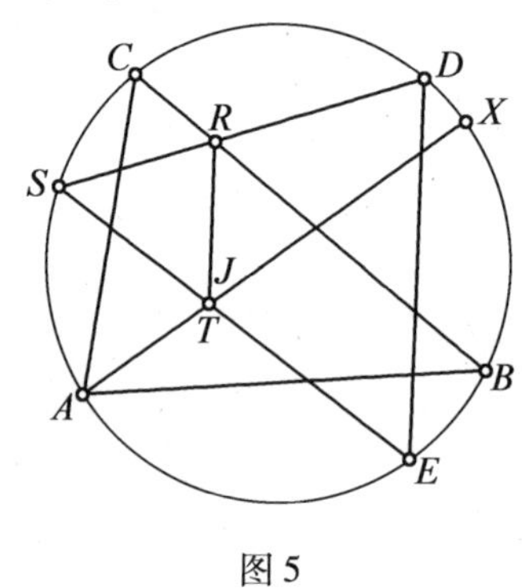

图5

证明 如图6,设 AD 交 RT 于点 J,SJ 交圆于点 K,依题意

$$\angle SAD=\angle SED=\angle STJ$$

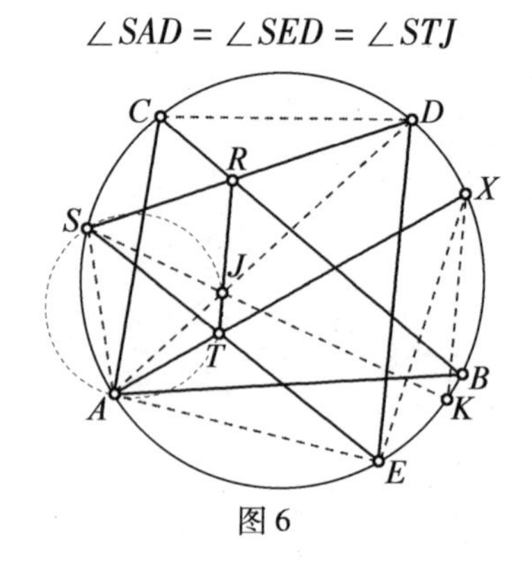

图6

故 S,A,T,J 四点共圆.

则

$$\angle ESK = \angle DAX$$

故

$$\angle DSK = \angle XAE = \angle EXA = \angle ESA = \angle AJT = \angle RJD$$

从而 $DJ^2 = DR \cdot DS = DC^2$.

由鸡爪逆定理知 J 为 $\triangle ABC$ 的内心,即 $\triangle ABC$ 的内心在 RT 上.

注　(1)本题条件有点多,图形略复杂,解题关键在于充分利用条件,得到共圆,及角相等(等价于 $XK /\!/ DE$),后面充分使用鸡爪定理即可.

(2)相关的问题有不少值得研究,例如本题图形如何尺规作图,由解答过程即得 $XK /\!/ DE$,因此只要 S,J,K 三点共线即能保证 R,J,T 三点共线;当然本题解法很多,这个是我发现的一种解法,相信读者也能发现自己的解法.

4.(2017 年第 33 届 CMO)如图 7,A,B,C,D 四点共圆,AC 交 BD 于点 P,$\triangle ADP$ 的外接圆交 AB 于点 E,$\triangle BCP$ 的外接圆交 AB 于点 F,$\triangle ADE$,$\triangle BCF$ 的内心分别为 I,J,IJ 交 AC 于点 K. 求证:A,K,I,E 四点共圆.

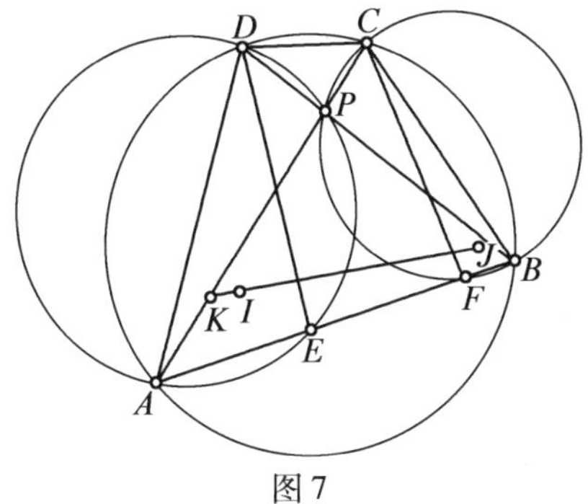

图 7

思路1 由内心想到鸡爪定理，显然 S,P,T 三点共线，欲证共圆，即证$SP/\!/IJ$，即 I,J 到 ST 等距，稍加转化计算即成相交弦定理.

证法1 如图8，设 EI 交$\triangle ADP$ 的外接圆于点 S，FJ 交$\triangle BCP$ 的外接圆于点 T，则 S 为弧 AD 的中点，$2\angle SPA=\angle DPA=\angle CPB=2\angle CPT$，故 S,P,T 三点共线.

由鸡爪定理得

$$\begin{aligned}SI\sin\angle ESP&=SD\sin\angle EAP\\&=\frac{\sin\angle EAP\cdot\sin\angle DPS\cdot AP}{\sin\angle ADP}\\&=\frac{BP\sin\angle PBA\cdot\sin\angle CPT}{\sin\angle BCP}\\&=TJ\sin\angle JTP\end{aligned}$$

即 I,J 到 ST 等距，$SP/\!/IJ$，则

$$\angle IKP=\angle SPK=\angle SEA$$

故 A,K,I,E 四点共圆.

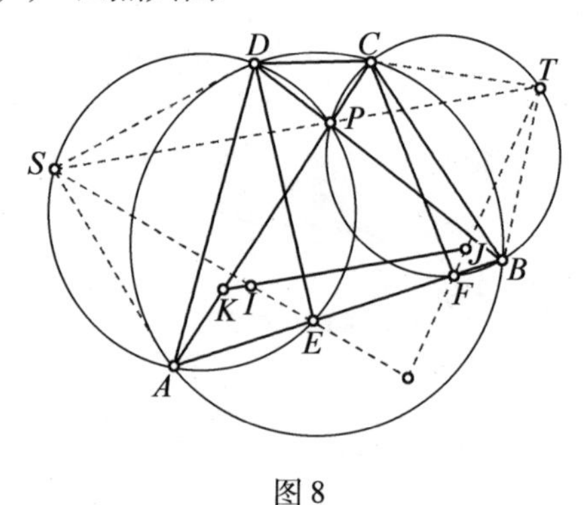

图8

思路2 我们发现 $PK=PE=PF=PL'$，下面用同一法即可证明.

证法2　如图9,设$\triangle AEI$的外接圆交AP于K',$K'I$交DB于L',则

$$2\angle PK'I=2\angle AEI=\angle AED=\angle APD$$

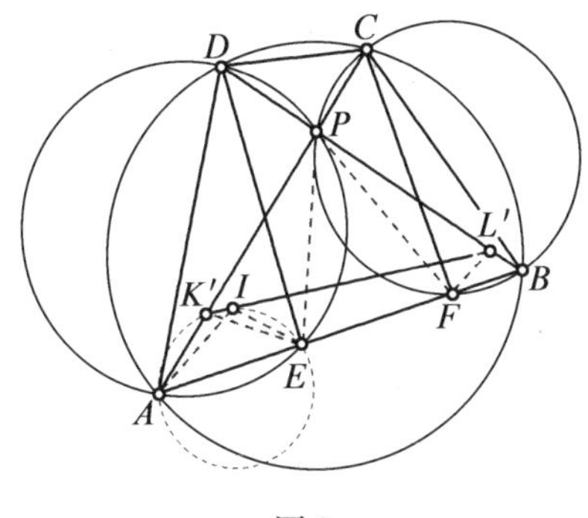

图9

故

$$PK'=PL'$$

$$\begin{aligned}\angle K'EA&=\angle K'IA=\angle PK'I-\angle K'AI\\&=\frac{1}{2}\angle DPA-\frac{1}{2}\angle DAE+\angle DAP\end{aligned}$$

$$\begin{aligned}\angle K'EP&=180^\circ-\angle K'EA-\angle PEB\\&=180^\circ-\frac{1}{2}\angle DPA+\frac{1}{2}\angle DAE-\angle DAP-\angle ADP\\&=\angle DPA-\frac{1}{2}\angle DPA+\frac{1}{2}\angle DAE\\&=\frac{1}{2}\angle DPA+\frac{1}{2}\angle DAE\\&=\frac{1}{2}\angle DEA+\frac{1}{2}\angle DAE=180^\circ-\angle AIE\\&=180^\circ-\angle AK'E=\angle PK'E\end{aligned}$$

故

$$\angle PEK' = \angle PK'E$$

又

$$\angle PEF = \angle ADB = \angle ACB = PFE$$

故

$$PK' = PE = PF = PL'$$

由对称性知 J 在 $K'L'$ 上,从而 K' 与 K 两点重合,即 A,K,I,E 四点共圆.

注 (1)上述两种证法各有千秋,第一种是官方提供的答案,主要利用鸡爪定理和平行;第二种是笔者的想法,关键在于发现四条线段相等.后面同一法不难,虽然没有用到鸡爪定理,但是也充分利用了内心的性质.这个证法也告诉大家学习不要太死板,例如这几篇中的题目基本都能用鸡爪定理证明,但是条条大路通罗马,也完全可以利用其他方法解决.

(2)本题图形也较复杂,其实蕴含了丰富的其他性质,建议大家趁热打铁,继续发掘此图进一步的性质.

5.(2015 年中国香港 IMO 代表队选拔考试)如图 10,D 为$\triangle ABC$ 内切圆I 与边 BC 的切点,AI 交$\triangle ABC$ 的外接圆 O 于点 M,MD 交圆 O 于点 P.求$\angle API$.

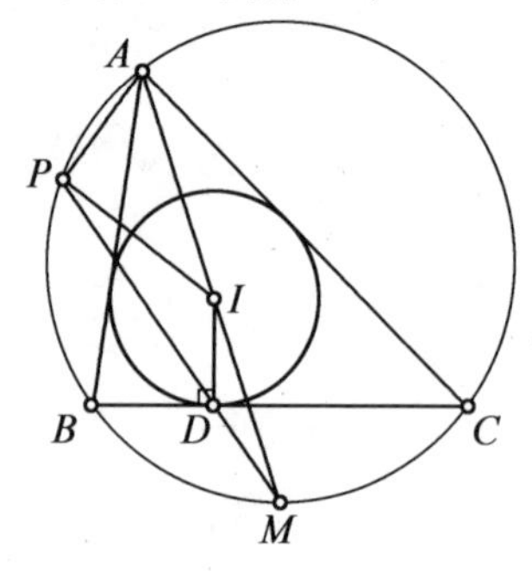

图 10

解　如图 11,由鸡爪定理得

$$MI^2 = MD \cdot MP$$

则

$$\angle MID = \angle MPI$$

$$\begin{aligned}\angle API &= \angle APM - \angle MPI \\ &= \angle ABM - \angle MID \\ &= \angle AJC - \angle MID \\ &= 90^\circ\end{aligned}$$

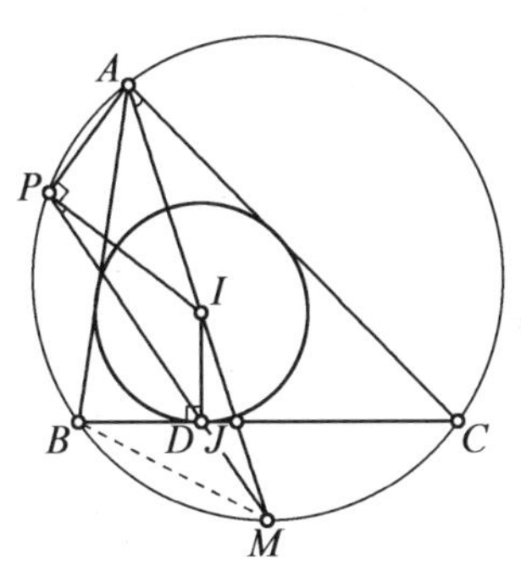

图 11

注　本题虽然简单,但是由证明知更一般的结论:当点 D 在 BC 上时,有 $\angle API = \angle IDJ$,这样就能把第二篇中的第 5 题和此题统一在一起,而且此题与第三篇中的第 1 题也有些相似,希望读者学会联系和融会贯通.

6. 如图 12,I 为 $\triangle ABC$ 的内心,$\angle B > \angle C$,T 是 $\triangle ABC$ 外接圆弧 BAC 的中点,$AE /\!/ BC$,$\angle AEI = 90^\circ$,TE

与$\triangle ABC$的外接圆交于点P,若$\angle B=\angle IPB$,求$\angle A$.

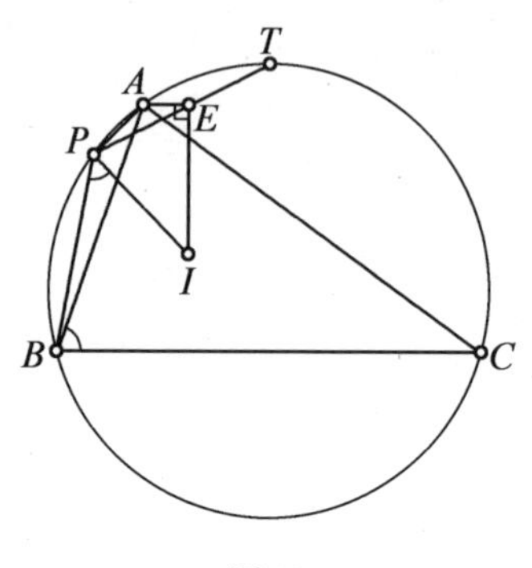

图 12

思路分析 和上题解题思路类似,作出弧BC的中点M,发现$IE /\!/ MT$,$\angle API=90°$,后面就可以解出来了.

解 如图 13,设弧BC的中点为M,则

$$TM \perp BC$$

又$AE /\!/ BC$且$EI \perp AE$,所以

$$IE /\!/ MT$$

所以

$$\angle AIE=\angle M=\angle APT$$

所以A,P,I,E四点共圆.

故$\angle API=90°$,则

$$\angle B=\angle IPB=180°-\angle C-\angle API=90°-\angle C$$

故$\angle A=90°$.

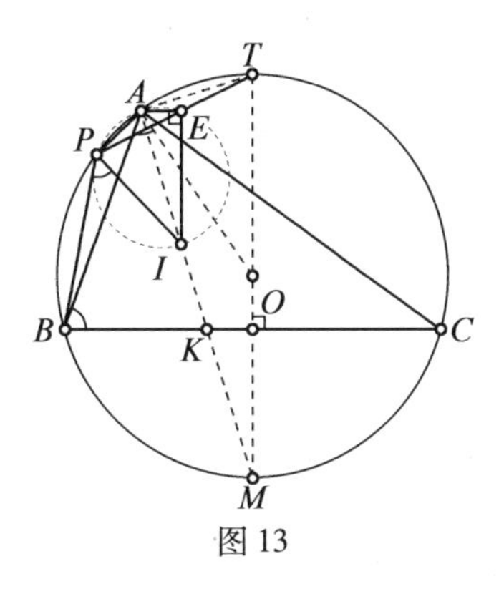

图 13

注　本题解答起来本来有些难度,但是在我们熟悉鸡爪构型的条件下就简单多了. 其实题目难度取决于你对此类构型的熟悉程度.

鸿渐于陆

第五篇

1.(2012 年中国女子数学奥林匹克)如图 1,$\triangle ABC$ 的内切圆 I 分别切 AB,AC 于点 D,E,O 为 $\triangle IBC$ 的外心. 求证:$\angle ODB=\angle OEC$.

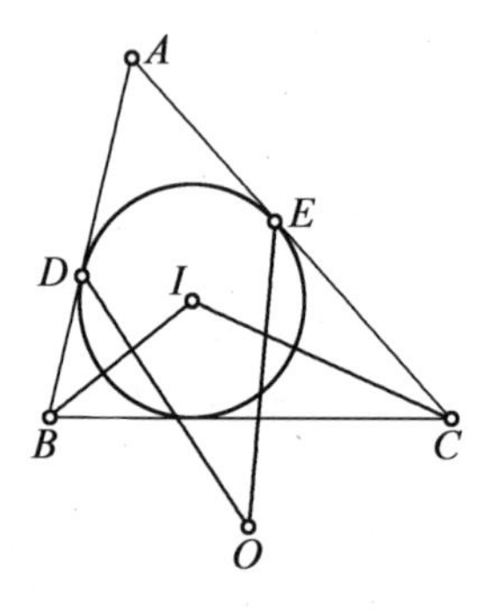

图 1

证明 如图 2,易知 A,I,O 三点共线,且 $\angle OAB=\angle OAC$,又 $AD=AE$,则 $\triangle ADO\cong\triangle AEO$(SAS),故 $\angle ODB=\angle OEC$.

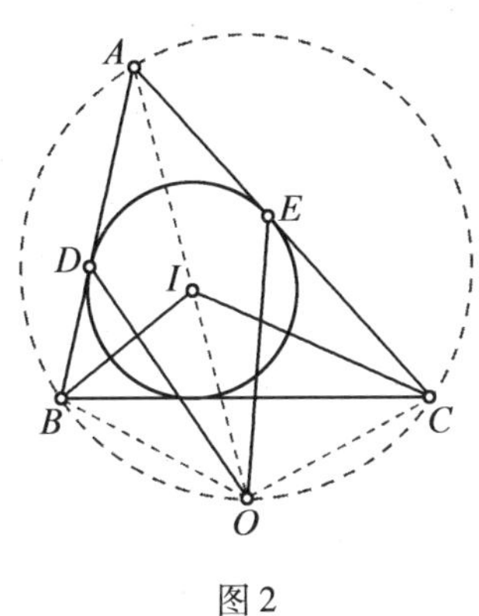

图 2

2.(2005 年 IMO 保加利亚国家队选拔考试)如图 3,I,H 分别为锐角$\triangle ABC$ 的内心、垂心,CI,CH 交外接圆于点 L,D. 求证:$\angle CIH=90^\circ \Leftrightarrow \angle IDL=90^\circ$.

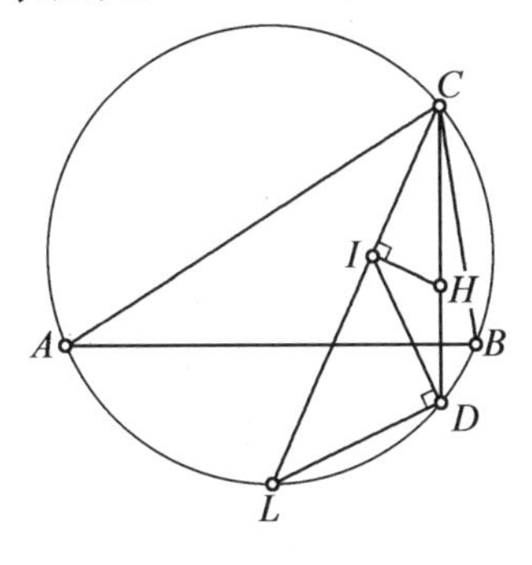

图 3

思路 1　作出直径 LF,找到相似三角形,利用鸡爪定理证明.

证法 1　如图 4,设 FL 为圆 O 的直径,则

$$\angle FCL=90^\circ \text{且} FL/\!/CD$$

故 $LDCF$ 为等腰梯形.

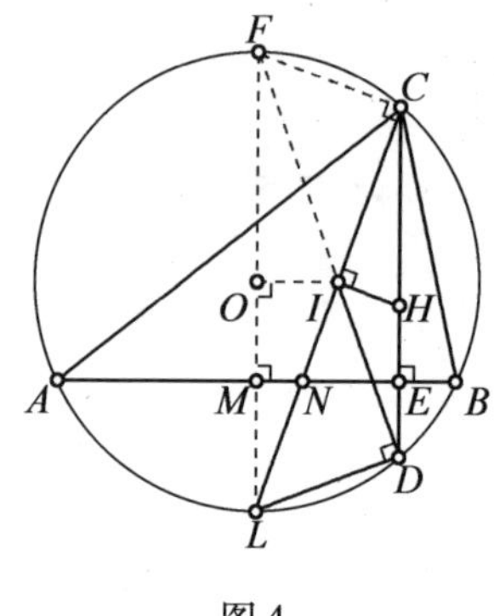

图 4

由鸡爪定理得

$$LI:LC = LN:LI$$

由等比定理得

$$CI:LC = IN:LI$$

由垂心性质得

$$CH = 2OM$$

(1)若 $\angle IDL = 90°$，则 F, I, D 三点共线且 $IO \perp LF$，故 $MN /\!/ OI$，故

$$CH:LF = OM:OL = IN:LI = CI:CL$$

则 $\triangle CIH \backsim \triangle LCF$，故 $\angle CIH = 90°$.

(2)若 $\angle CIH = 90°$，则 $\triangle CIH \backsim \triangle LCF$，则

$$IN:LI = CI:CL = CH:LF = OM:OL$$

故 $MN /\!/ OI$，$IO \perp LF$，即 I 为等腰梯形 $LDCF$ 对角线的交点，F, I, D 三点共线，故 $\angle IDL = 90°$.

综上 $\angle CIH = 90° \Leftrightarrow \angle IDL = 90°$.

思路 2 联想到第一篇文章中鸡爪定理的基本构型，延长 LD 交 AB 于点 M，则 C, N, D, M 共圆，后面倒角即可.

证法2　如图5,延长 LD 交 AB 于点 M,由垂心得 $\angle HBA=\angle ACD=\angle ABD$,故 $EH=ED$,即 AB 为 HD 中垂线.

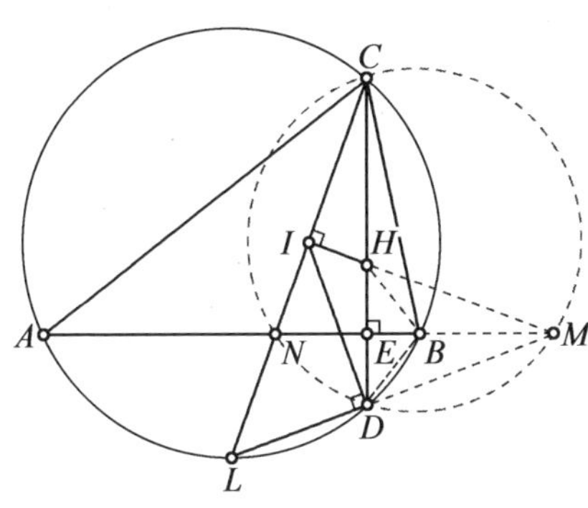

图5

由第一篇中的结果有 C,N,D,M 四点共圆,则

$$\angle CIH=90^\circ \Leftrightarrow \angle CHI=\angle CNM=\angle CDM=\angle DHM$$

$$\Leftrightarrow I,H,M \text{ 三点共线}$$

$$\Leftrightarrow \angle IDL=90^\circ (\text{因为} \triangle LID \backsim \triangle LMI)$$

思路3　如图6,作 $HQ\perp CL$,直径 LF,FD 交 CL 于点 P,找到 PQI 间等式即可.

证法3　如图6,设 FL 为圆 O 直径,$HQ\perp CL$,设 FD 交 CL 于点 P,则

$$\angle FCL=90^\circ \text{且} FL/\!/CD$$

故 $LDCF$ 为等腰梯形. 由证明2得

$$NH=ND$$

又 $HQ/\!/CF$,故 $LDHK$ 为等腰梯形.
则

$$MK=ML$$

$$LQ:LC=LK:LF=LM:LO$$

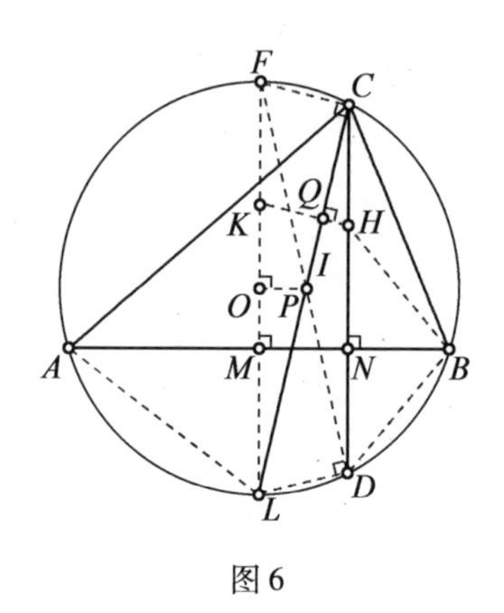

图 6

由 $PO \perp LF$ 得

$$LP \cdot LC = LO \cdot LF$$

上述两式相乘并结合鸡爪定理得

$$LQ \cdot LP = LM \cdot LF = LA^2 = LI^2$$

则 $\angle CIH = 90° \Leftrightarrow I, Q$ 重合 $\Leftrightarrow I, P$ 重合 $\Leftrightarrow \angle IDL = 90°$，即 $\angle CIH = 90° \Leftrightarrow \angle IDL = 90°$.

注　(1)本题虽然是十几年前的试题，但是结论漂亮，证明殊为不易，难度中等偏上. 特别是要证明充要条件，略有些麻烦，一不小心就会陷入循环论证.

(2)上述三种证明方法中证法 1 和证法 2 是笔者解答的，证法 3 是官方的解答，各有千秋，希望读者能博观约取、兼容并蓄. 本题比较经典，但笔者见到的证明均为官方解法，而且原解答的图形很不清晰. 此解法用了同一法，非常精妙，相当于加强命题，证明了一个更为一般的结论，即 $LI^2 = LQ \cdot LP$. 证法 1 充分利用相似，证法 2 用了第一篇文章中的构型，相信还有其他证法，例如三角计算等，希望读者充分利用掌握的工具寻找属于自己的证法.

(3)看到本题,其实笔者首先想到的是第二篇中的第3题,显然这两个问题是等价的,估计那题也来源于此题,不过按那里的证法由$\angle CIH=90°$证明$\angle IDL=90°$比较困难,后来我就改弦易辙,放弃了那个证明,重新寻找方法,得到了1,2两种证法,这里再次强调温故知新.显然这两个方法都比第二篇中第3题里的方法好一些,而且都能证明那个题目的逆命题,所以我们要学会改进已经得到的证明,精益求精,追求至善.

3.(2015年东南数学奥林匹克高一组)如图7,I为$\triangle ABC$的内心,$\angle B<\angle C$,以AI为直径的圆交$\triangle ABC$外接圆于点D,$AE /\!/ BC$且点E在以AI为直径的圆上,$\angle ABC=33°$,若ID平分$\angle EDC$,求$\angle BAC$.

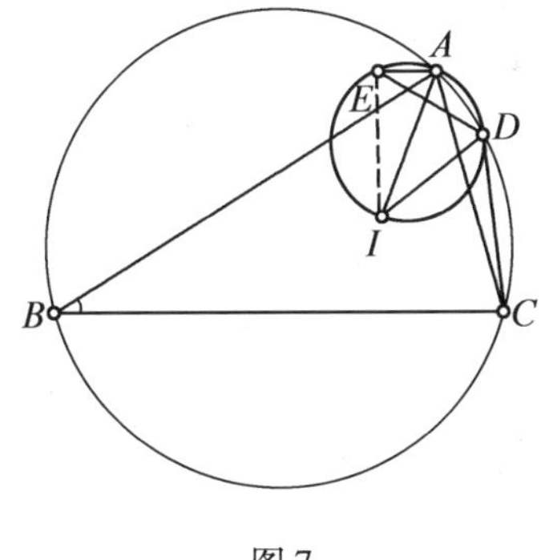

图7

思路分析　和第四篇第6题类似.

解　依题意$\angle AEI=\angle ADI=90°$,所以

$$\angle IDC=180°-\angle B-\angle ADI=57°$$

所以

$$\angle EAI=\angle EDI=57^\circ$$

又 $AE /\!/ BC$,所以

$$\angle EAB=\angle B=33^\circ$$

所以

$$\angle BAI=57^\circ-33^\circ=24^\circ$$

因此$\angle BAC=48^\circ$.

注 联想到前面的题目,熟悉本构型后加辅助线都是顺理成章、自然而然的. 本题与第四篇第6题异曲同I.

4. 如图8,$AB\neq AC$,I为$\triangle ABC$中$\angle C$所对的旁心,CI交外接圆于点T,点D在CB延长线上且$BA=BD$,且$4\angle TDI=\angle ABC+\angle ACB$,求$\angle BAC$.

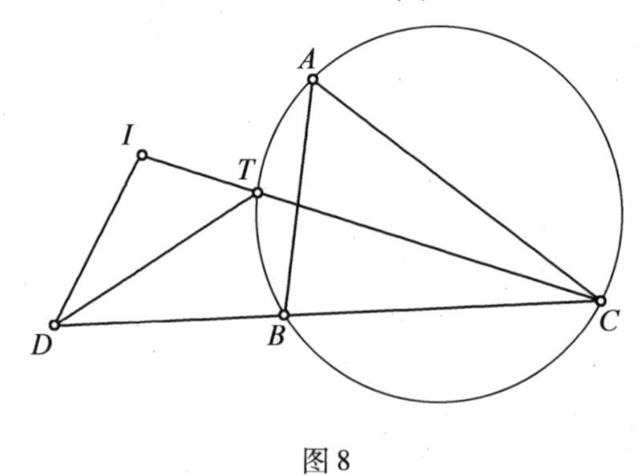

图8

解 如图9,由I为旁心及$AB=DB$得

$$\triangle IBD\cong\triangle IBA(\text{SAS})$$

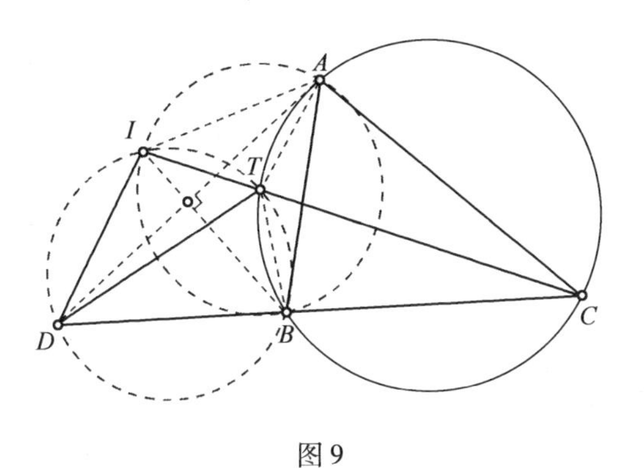

图 9

由鸡爪定理得 T 为 $\triangle BAI$ 外心，则

$$\begin{aligned}4\angle TDI &= \angle ABC + \angle ACB = 180^\circ - \angle BAC \\ &= 180^\circ - \angle BTC \\ &= \angle ITB = 2\angle BAI = 2\angle BDI\end{aligned}$$

则

$$2\angle TDI = \angle BDI$$

即

$$\angle TDI = \angle BDT$$

又 $TI = TB$，则：

(1)若 $\angle DIT = \angle DBT$，则

$$\triangle DIT \cong \triangle DBT(\text{AAS}), DI = DB$$

即

$$AI = AB$$

$$\angle AIB = \angle ABI$$

即

$$90^\circ - \frac{1}{2}\angle ACB = \frac{1}{2}(\angle BAC + \angle ACB)$$

即

$$\angle BCA = \angle ABC, AB = AC$$

与已知矛盾.

(2)若$\angle DIT = 180° - \angle DBT$,则 B,T,I,D 四点共圆,则

$$\angle BAC = \angle BTC = \angle BDI = \angle BAI = \frac{1}{2}(180° - \angle BAC)$$

故

$$\angle BAC = 60°$$

综上$\angle BAC = 60°$.

注 (1)本题解答中用到一个常见的重要结论,即:SSA 是不能判定两个三角形全等的,进一步,如图 10 所示,两三角形有一个公共边,一对角相等,这角所对的边也相等,此时公共边所对的两个角相等或互补,这个不难直接用几何方法证明或者由正弦定理得到.

(2)本题和第四篇的第 2 题及第三篇的第 1 题显然都是含 60°角的三角形的性质和判定.

5.(2007 年 IMO 预选题)如图 10,锐角$\triangle ABC$中,$\angle B > \angle C$,I 为其内心,R 为其外接圆半径,$AD \perp BC$ 于点 D,DI 交 AC 于点 E,延长 AD 到点 K,使得 $AK = 2R$,KI 交 BC 于点 F,$IE = IF$,求证:$\angle B \leqslant 3\angle C$.

思路分析 由已知条件挖掘图形的基本性质,发现$\angle DIK = \angle KAI$后就比较简单了.

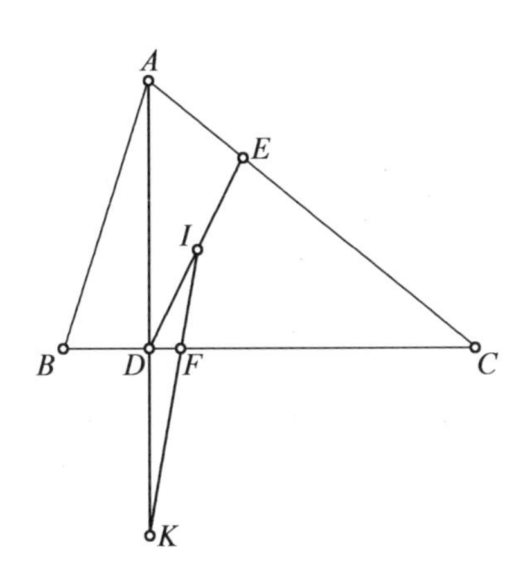

图 10

证明　如图 11,作出 ABC 外接圆 O,设 AM 为直径,AI、MI 交圆 O 于 J、L,JL 交 BC、AD 于 N、P.

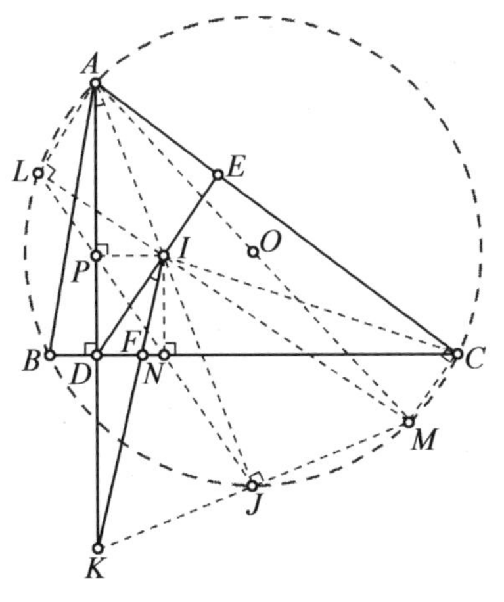

图 11

由 $\angle B=\angle AMC$ 得

$$\angle BAD=\angle CAM$$

则

$$\angle IAD=\angle IAM=\frac{1}{2}(\angle B-\angle C)$$

又由 $AK=AM$ 得 K,J,M 共线,则

$$\angle JLM=\angle IAM=\angle IAD$$

故 A,L,P,I 共圆,$\angle API=\angle ALI=90°$.

由第四篇第5题得 $IN\perp BC$,则 $IPDN$ 为矩形,则

$$\angle ADI=\angle PNI=\angle LPA=\angle LIA=\angle JIM=\angle JIK$$

故

$$\angle DIK=\angle KAI=\frac{1}{2}(\angle B-\angle C)$$

又 $IE=IF$,CI 平分 $\angle ACB$,则 $\angle IEC$ 与 $\angle IFC$ 相等或互补.

若 $\angle IEC=\angle IFC\leqslant 90°$,则 $\angle EIF+\angle ACB\geqslant 180°$,即

$$\angle C\geqslant\angle DIK=\frac{1}{2}(\angle B-\angle C),\angle B\leqslant 3\angle C$$

若

$$\angle IEC=180°-\angle IFC$$

则

$$\angle C=\angle DIK=\frac{1}{2}(\angle B-\angle C)$$

即

$$\angle B=3\angle C$$

综上 $\angle B\leqslant 3\angle C$.

注 (1)本题较难,因为IMO预选题一般每年代数、几何、数论、组合四类题目各8个,难度依序号递增,这是当年几何的第7题.

(2)本题第一个难点是已知条件比较怪异,不好

下手；还有一个就是证明结果很宽松，如果由结果分析，只能是希望得到一个含有角的不等式，很模糊；所以只能挖掘图形的性质，发现$\angle DIK=\angle KAI$是关键，否则无法突破．证明时联想到前面的题目并不太困难，当然其中也用到上题注1中所说的结论．

（3）由本题证明的$IPDN$为矩形，则JL平分DI，由这个结构可以想到第三篇文章中的第6题，那个解答中用了梅涅劳斯定理，我在此题基础上对那道题找到了一种自然简洁的证明．证明过程如下：

证明　如图12，设EI交外接圆于H，下面证明DH平分HI即可．

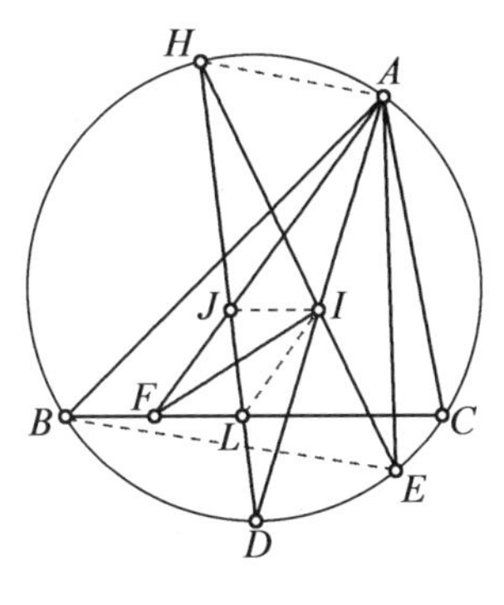

图12

由鸡爪定理得

$$DI^2=DL\cdot DH$$

故

$$\angle LID=\angle DHI=\angle DAE=\angle DAF$$

所以$LI /\!/ AF$且A,H,J,I共圆，则

$$\angle AJI=\angle AHI=\angle ABE=\angle BAF+\angle ABC=\angle AFC$$

$$JI /\!/ LF$$

故 $IJFL$ 为平行四边形,则 DH 平分 IF,即 DG 与 EI 交点在圆 O 上.

注 本证明体现了本题和上题的联系,本题结论算是上题结论的一种推广,有可能出题人就是把上题推广以后得到本题的.

时乘六龙

第六篇

1.（微信好友兰忠丹问的美国竞赛题）如图1，已知：H，O 为 $\triangle ABC$ 的垂心、外心，AD 为角平分线，M 为 BC 的中点，BCH 外接圆与 OM 交于 $\triangle ABC$ 内的一点 N. 求证：$\angle HAN=\angle ADO$.

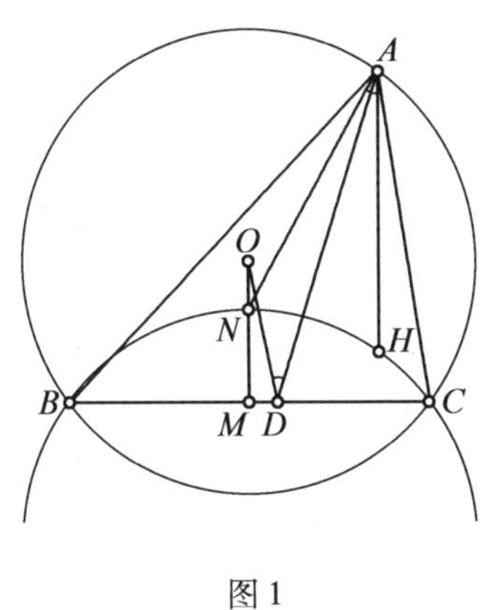

图1

思路分析　如图2，作出 BC 弧的中点 K，则

鸡爪定理

$$
\begin{aligned}
\angle HAN = \angle ADO &\Leftrightarrow \angle ANO = \angle ADO \\
&\Leftrightarrow A,O,N,D\text{ 四点共圆} \\
&\Leftrightarrow KN \cdot KO = KD \cdot KA \\
&\qquad\qquad = KB^2\text{(鸡爪定理)} \\
&\Leftrightarrow \triangle BKN \backsim \triangle OBK \\
&\Leftrightarrow \angle BKN = \angle BNK \\
&\Leftrightarrow \angle BNC = \angle BKC \\
&\qquad\quad = 180^\circ - \angle BAC \\
&\qquad\quad = \angle BHC \\
&\Leftrightarrow B,N,H,C\text{ 四点共圆}
\end{aligned}
$$

显然成立.

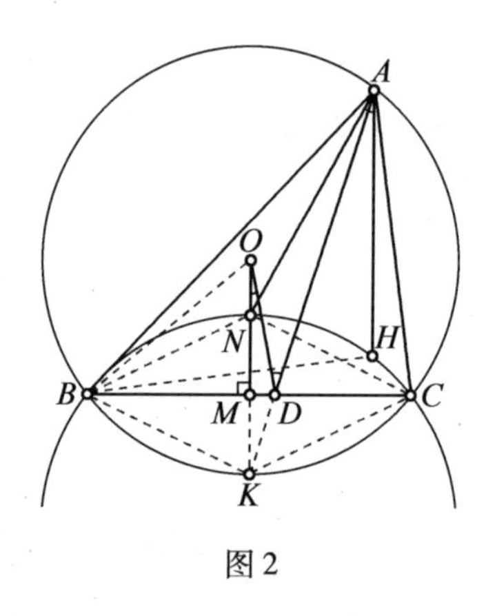

图 2

注 本题虽然可以说不用鸡爪定理,不过与它构型本质是相同的.

2.(2010 年 IMO 中国国家集训队选拔考试)如图 3,$\triangle ABC$ 的内心为 I,M,N 为 AC,AB 中点,E,F 在 AC,AB 上,且 $BE /\!/ IM$,$CF /\!/ IN$,过 I 作 EF 平行线交 BC 于 P. 求证:P 在 AI 上的射影在 $\triangle ABC$ 外接圆上.

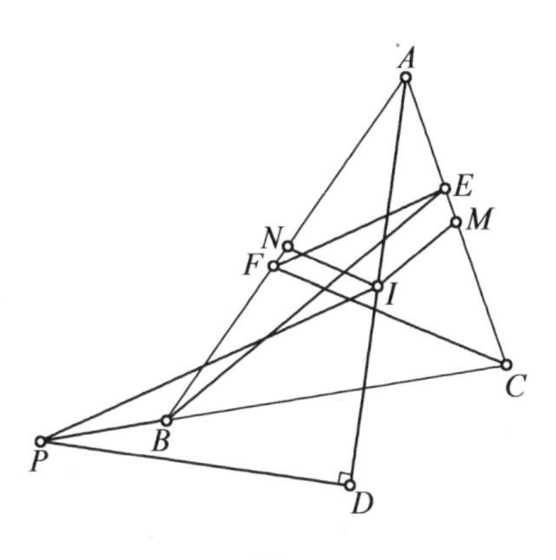

图 3

思路分析　国家队考试题一般都比较难，图形繁杂，论述曲折，往往需要多个步骤，层层分析，逐步转化. 本题图形和条件比较复杂，图形比较分散，估计需要一定的计算.

最好分步解决：先确定 AE，AF；再确定 $\angle ASE$；再确定 $\angle IHD$，最后用鸡爪定理证明相似，从而由同一法得到结果.

证明　如图 4，设 $\triangle ABC$ 的边、角依次为 $2a$，$2b$，$2c$，$2x$，$2y$，$2z$；内切圆半径为 1，外接圆 O 半径 R. 设 BI 交 AC 于 T，I 在 AB，AC 上射影为 J，K，AI 交圆 O 于 D，过 D 的 AD 的垂线交圆 O 于 H，交 BC 于 Q，$\angle ASE=\theta$，$\angle IHD=\beta$.

由平行及角平分线定理得

$$TM:ME=IT:IB=AT:AB=CT:CB$$
$$=AC:(AB+BC)=b:(a+c)$$
$$AT=2bc:(a+c)$$
$$MT=AT-AM=2bc:(a+c)-b=b(c-a):(a+c)$$

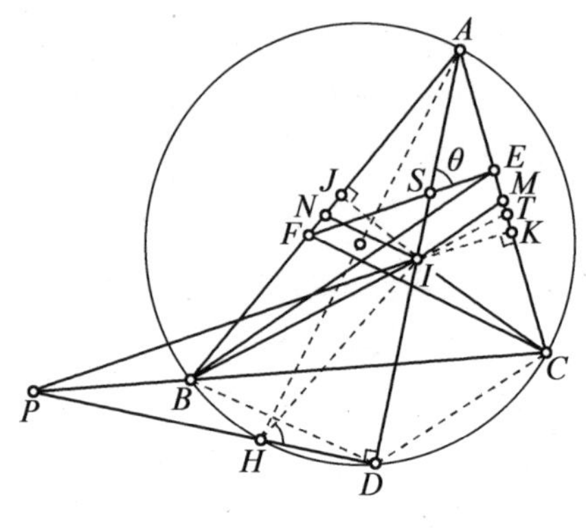

图4

则 $ME = c - a$，$AE = a + b - c = CK = \cot z$，同理 $AF = BJ = \cot y$.

因

$$\angle AFE = \theta - x, \angle AEF = 180° - (\theta + x)$$

$\triangle AEF$ 中由正弦定理得

$$\cot y : \cot z = AF : AE = \sin(x + \theta) : \sin(\theta - x)$$

即

$$\begin{aligned} & \cos y \sin z : (\cos z \sin y) \\ = & (\sin x \cos \theta + \cos x \sin \theta) : (\sin x \cos \theta - \cos x \sin \theta) \end{aligned}$$

由分比合比定理得

$$\sin x \cos \theta : (\cos x \sin \theta) = \sin(z - y) : \sin(z + y)$$

又

$$\sin(z + y) = \cos x$$

则

$$\cot \theta = \sin(z - y) / \sin x$$

$$\angle HAD = x - (90° - 2z) = z - y$$

由鸡爪定理得

$$DI = DB = 2R \sin x$$

且

$$\angle QID=\angle IHD=\beta$$

$$\cot\beta=DH/DI=\sin(z-y)/\sin x=\cot\theta$$

故 $\beta=\theta$，即 $\angle QID=\angle PID$，故 P,Q 重合，即 P 在 AI 上的射影在 $\triangle ABC$ 外接圆上.

注　(1)本题难度不小，主要是条件相对分散，在没有找到良好的性质的条件下，计算也是一个合理的选择；解决问题的关键在于合理分步，各个击破. 用正弦定理计算出 $\cot\theta$，需要用到三角函数的知识，希望对这方面的知识不熟悉的读者用心体会和揣摩. 当然还有其他解法，本人只查到了参考答案的解法，和上述思路类似，不过最后一步没有利用鸡爪定理，是用梅涅劳斯定理计算得到的，比上述解法要复杂不少.

(2)本题虽然看起来比较困难，但是在熟悉鸡爪定理构型的基础上我看到这个题，就很有信心能解决它. 事实上，这个题目的思路还是比较自然的，计算也不是太复杂. 其实解题时候的信心也是非常重要的因素，当然前提是你对这个基本构型比较熟悉.

3. (1997 年第 38 届 IMO 预选题)如图 5，$\triangle ABC$ 的内心为 I，AI,BI,CI 交其外接圆于点 K,L,M，R 在 AB 上，$RP/\!/AK$，$PB\perp BL$，$RQ/\!/BL$，$QA\perp AK$. 求证：MR，QL，PK 三线共点.

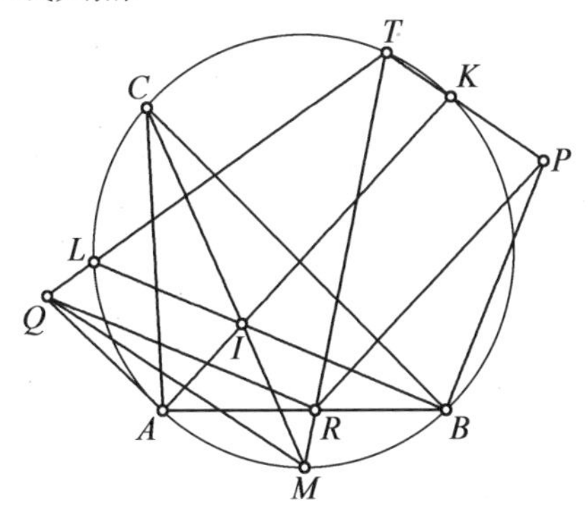

图 5

思路分析 图形略复杂,线条较多,我们希望能简化一下图形;如果画出准确图形,不难发现三线共点还在外接圆上,从而可以删去点 P,如图 6 所示. 只需证明 QL 与 MR 交点在外接圆上,要证共圆,必然倒角,需证$\triangle AQL \backsim \triangle ARM$,即证$\triangle RAQ \backsim \triangle MAL$,这由鸡爪定理及平行不难得到.

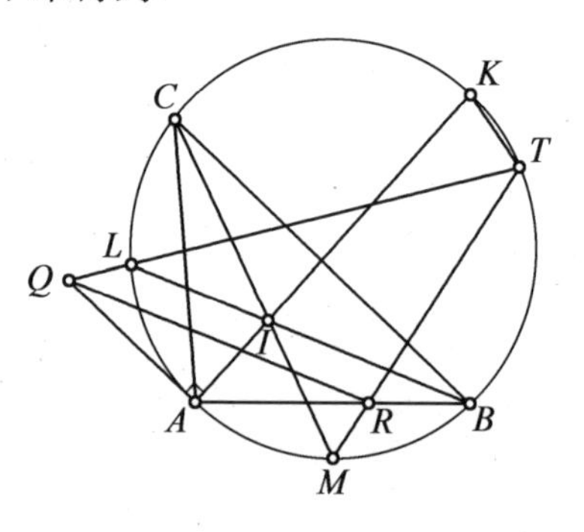

图 6

证明 如图 7,设 QL 交 MR 于点 T,QA 交 CI 于点 N,由鸡爪定理得 A,N,B,I 四点共圆,且 M 为其圆心,$LI=LA$,$MI=MA$,故 LM 为 AI 的中垂线,则

$$QA /\!/ LM$$

又

$$RQ /\!/ BL$$

则

$$\angle AQR=\angle MLB=\angle MLA$$
$$\angle QRA=\angle LBA=\angle LMA$$

故

$$\triangle RAQ \backsim \triangle MAL$$

因此

$$QA/LA = RA/MA$$

故

$$\triangle AQL \backsim \triangle ARM$$

则

$$\angle QLA = \angle RMA$$

故 L,A,M,T 四点共圆，则 T 为 MR 与外接圆的交点；对称的，PK 也过点 T，从而 MR,QL,PK 三线共点.

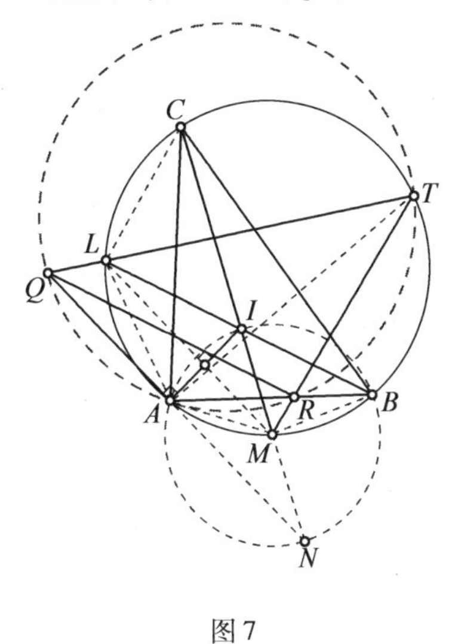

图 7

注 本题看着挺吓人，其实只要沉着应战，适当简化，步步紧逼，得到答案不算困难. 当然本图形中还蕴含着一些有趣的结论，例如研究此圆圆心轨迹等.

4. 如图 8，O,I 为 $\triangle ABC$ 的外心和 $\angle A$ 的旁心，P 为 AI 的中点，AI 交 BC 于点 D，$IT \perp BC$ 于点 T，O' 为 $\triangle ATD$ 的外心. 求证：O',O,P 三点共线.

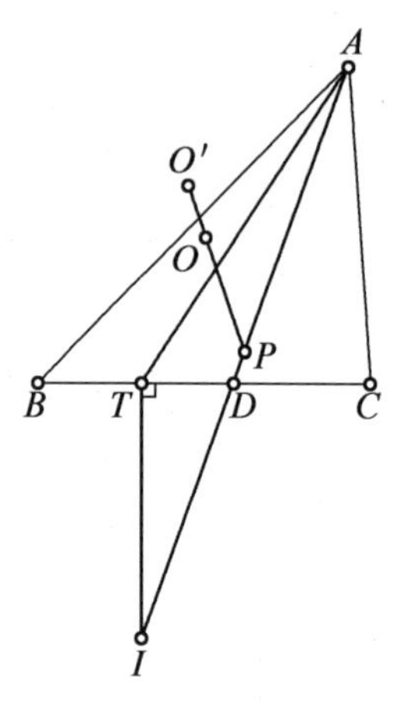

图 8

思路分析 如图 9,把两圆补出来合情合理,设两圆另一交点为 Z,共线等价于 $IZ \perp AZ$,联想到此类构型的核心性质即可.

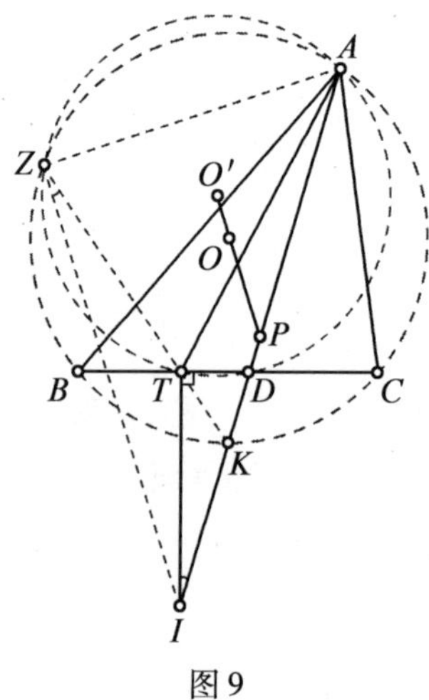

图 9

证明　如图9,设 AI 交圆 O 于点 K,KT 交圆 O 于点 Z,由第一篇的命题2知

$$KI^2=KD\cdot KA=KT\cdot KZ$$

则 Z,T,D,A 四点共圆. 且

$$\angle TID=\angle KZI$$

又 $\angle IDT=\angle KZA$,则

$$IZ\perp AZ,OO'/\!/IZ$$

又 OO' 为 AZ 的中垂线,故 O',O,P 三点共线.

注　两个外心提示作出外接圆,两圆相交公共弦是关键. 本题把核心性质应用得淋漓尽致,如果思路跑偏,会枉费许多心血.

5.(2014 年第 55 届 IMO 预选题 3)如图 10,$\triangle ABC$ 的内心为 I,BI 交其外接圆于点 M,$AB>AC$,$\angle AOB$,$\angle BOC$ 的角平分线交以 BM 为直径的圆于点 P,Q. 点 R 在 QP 上且 $RB=RM$. 求证:$RB/\!/AC$.

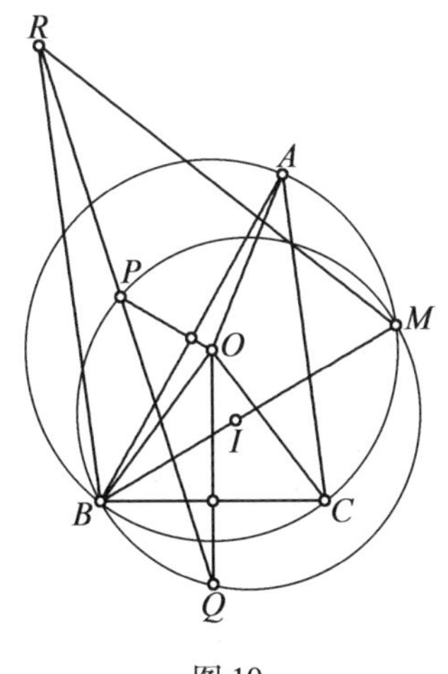

图 10

思路分析　如图 11,$RB/\!/AC\Leftrightarrow\angle RBM=\angle AZM=$

$\angle BAM=\angle BOL\Leftrightarrow LQ^2=LB^2=LP^2=LO\cdot LR\Leftrightarrow L,Q,P,O$ 四点共圆.

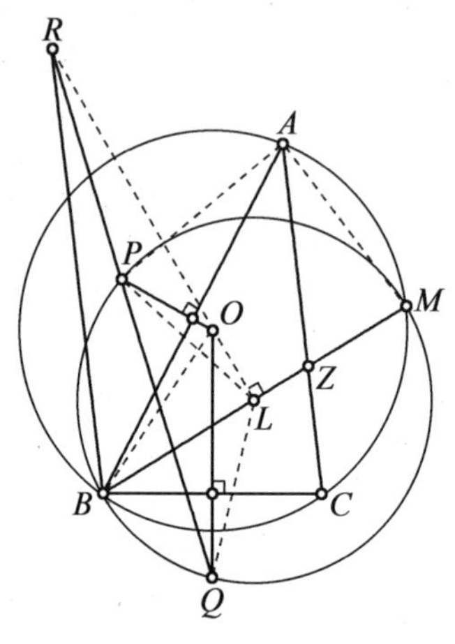

图 11

这样就能把点 R 消掉且能把以 BM 为直径的圆消掉

原题简化为:如图 12,$\angle ABC$ 角平分线交 $\triangle ABC$ 的外接圆 O 于点 M,L 为 BM 的中点,$OP\perp AB$,$OQ\perp CB$,$LP=LQ=LB$,求证:P,O,L,Q 四点共圆.

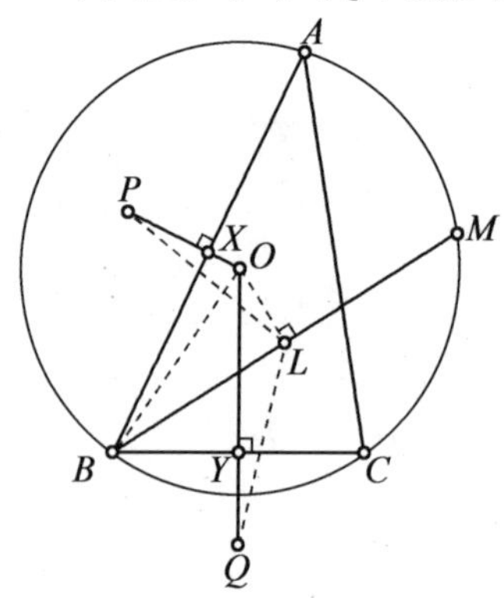

图 12

百尺竿头更进一步,圆和$\triangle ABC$都能消掉,进一步转化为如图13,$OP\perp XB$,$OQ\perp YB$,$LP=LQ=LB$,$\angle XBL=\angle LBY$.

如图13,在这么简单的图形下,结果就水落石出、唾手可得了.

证明　如图14,显然B,X,O,L,Y五点共圆,$LX=LY$, $LP=LQ$,$\angle OXL=\angle LYO$,则

$$\triangle LXP\cong\triangle LYQ$$

$$\angle XPL=\angle YQL$$

P,O,L,Q四点共圆,原结论成立.

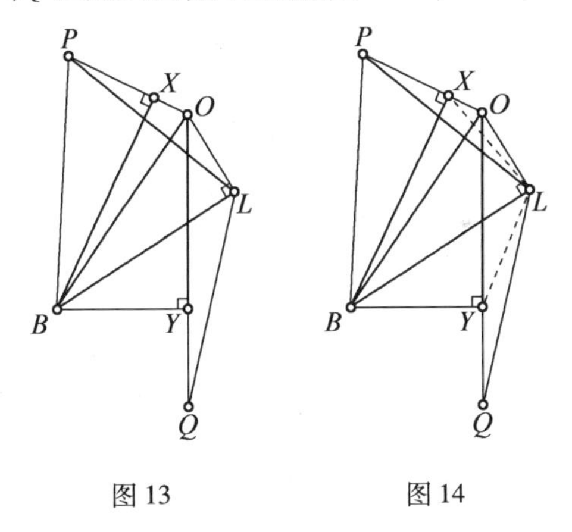

图13　　　　图14

注　(1)本题不是太难,但是图形初看比较复杂,而且这种以BM为直径的圆的构型比较罕见,上手时会很有压力.以上详解还原了本人解题的过程,就是不停地简化图形和转化图形,经过三次简化,最后在简洁的图形下,结论变得显而易见,而且似乎还能推广.希望初学者认真体会.

(2)本题再次用到了 SSA 判定,其中若对应角为钝角,则两三角形全等,这个结论用几何方法或正弦定理都能得到.

履霜冰至

第七篇

我写文章的速度有点慢，因为我的想法还是提升文章质量、宁缺毋滥，精心挑选例题. 我最近闲暇时间皓首穷经、寻章摘句，希望能找到与鸡爪定理有关的问题，所以速度很难太快，希望读者体谅.

1. 如图 1, $\angle BAC$ 内角平分线交 $\triangle ABC$ 外接圆 O 于点 M. 点 P 和点 Q 在 AM 上，且 $\angle ABP = \angle CBQ$, $PD \perp BC$ 于点 D, MD 交圆 O 于点 K, 求证: $\angle QKA = 90°$.

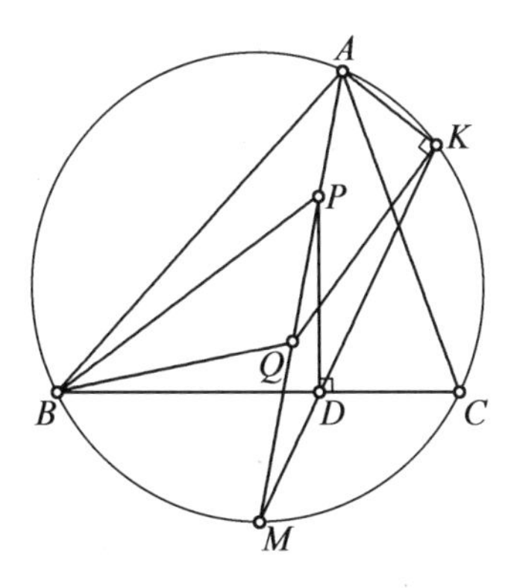

图 1

思路证明 如图2,因

$$\begin{aligned}\angle MAK &= \angle MAC + \angle CAK \\ &= \angle BCM + \angle CMD \\ &= \angle BDM\end{aligned}$$

故

$$\begin{aligned}\angle QKA = 90^\circ &\Leftrightarrow \angle AKQ = \angle PDB \Leftrightarrow \angle MQK = \angle MDP \\ &\Leftrightarrow \triangle MQK \backsim \triangle MDP \Leftrightarrow MD \cdot MK = MP \cdot MQ \\ &\Leftrightarrow MB^2 = MP \cdot MQ\text{(鸡爪定理)} \\ &\Leftrightarrow \triangle MQB \backsim \triangle MBP \\ &\Leftrightarrow \angle MBQ = \angle MPB \\ &\Leftrightarrow \angle MBC + \angle CBQ = \angle MAB + \angle ABP \\ &\Leftrightarrow \angle ABP = \angle CBQ\end{aligned}$$

显然成立.

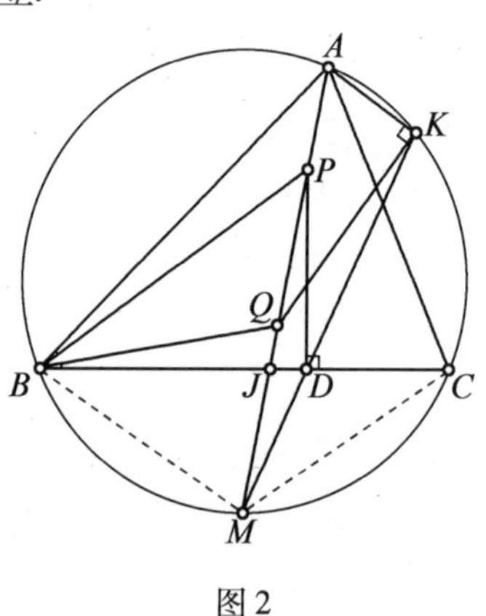

图2

注 (1)此题作者是叶中豪老师,叶老是当之无愧的国内几何第一人,学富五车,又是谦谦君子. 网名老封(谐音老疯,应该是为几何如痴如醉、如癫如狂之意),国内很多经典的几何难题基本都是出自他手. 他

不只才高八斗，还古道热肠，热心普及数学，尤其对年轻后辈青眼有加，几乎国内年轻的几何爱好者都得到过他的帮助，深受他的影响. 我当年高中竞赛时就特别喜欢阅读他引入的《通俗数学名著译丛》图书，大学时和他通过信，工作后也是经常向他请教问题，蒙受他指点迷津、倾囊相授. 美中不足之处是叶老是完美主义者，效仿圣贤、述而不作，按说他的任何一个专题研究都可以在杂志上发表或者著书立说，但是他总觉得不够尽善尽美，不愿意公开发表. 所以大家看不到他写的书，只能偶尔在他写的一些文章或者题目中看到他"神龙见首不见尾"的一鳞半爪，从中学得一招半式.

(2)此题比较典型，所以对构型比较熟悉的话，遇到类似的问题是很快能找到思路的.

2. (2008.2.1，"我们爱几何"公众号，作者：万喜人)如图3，I 为 $\triangle ABC$ 的内心，点 P,Q 在 $\triangle BCI$ 外接圆上且关于 AI 对称，AP 交 $\triangle ABC$ 外接圆 O 于点 M，$PD\perp BC$ 于点 D，MD 交圆 O 于点 K. 求证：$\angle QKA=90^\circ$.

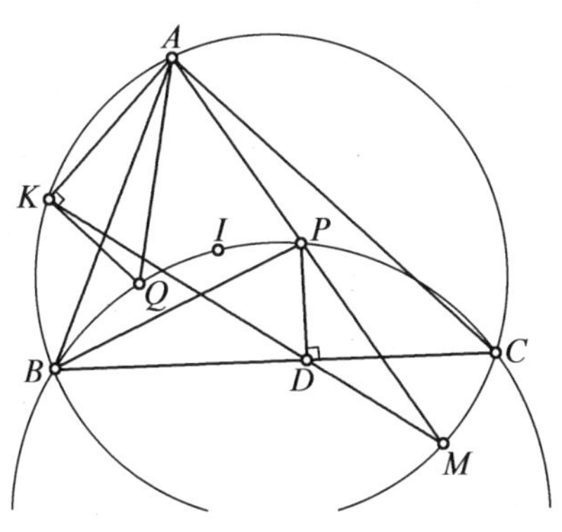

图3

此题显然是第 1 题的再推广，难度当然比上题大了很多. 以下是叶老更一般的推广.

3. 如图 4，$\triangle ABC$ 内点 P,Q 等角共轭（即 $\angle BAP=\angle CAQ$ 且 $\angle ABP=\angle CBQ$），AP 交 $\triangle ABC$ 外接圆 O 于点 M，$PD\perp BC$ 于点 D，MD 交圆 O 于点 K. 求证：$\angle QKA=90°$.

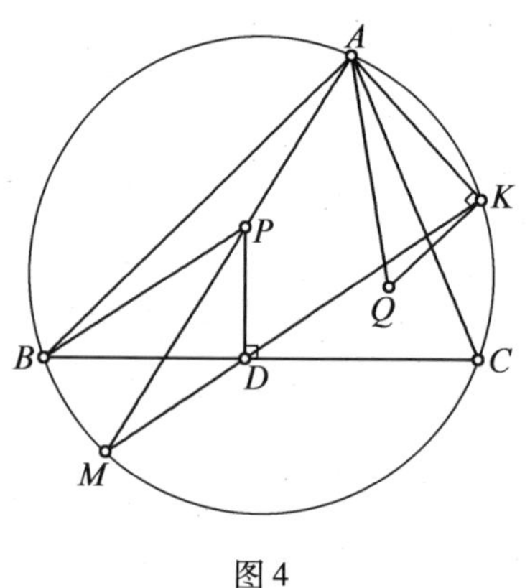

图 4

此题和第 1 题是单墫单老的近作《解题漫谈》第 91 页《叶中豪的题》中引用的例题，单老对叶老的评价也非常高，几乎在每一本几何著作中都给叶老的题目留有一席之地. 现在单老虽然年事已高，但是老当益壮，依然经常做叶老编制的几何难题并发表在公众号上，这样的典范国内绝无仅有.

我今天在思考解决此题的时候进一步发现，其实 $PD\perp BC$ 并不重要，还能推广为更一般的结果，即 $\angle AKQ=\angle PDB$.

4. 如图 5，$\triangle ABC$ 内 P,Q 等角共轭，AP 交 $\triangle ABC$ 外接圆 O 于点 M，点 K 在弧 ACM 上且 MK 交 BC 于点

D,求证:$\angle AKQ=\angle PDB$.

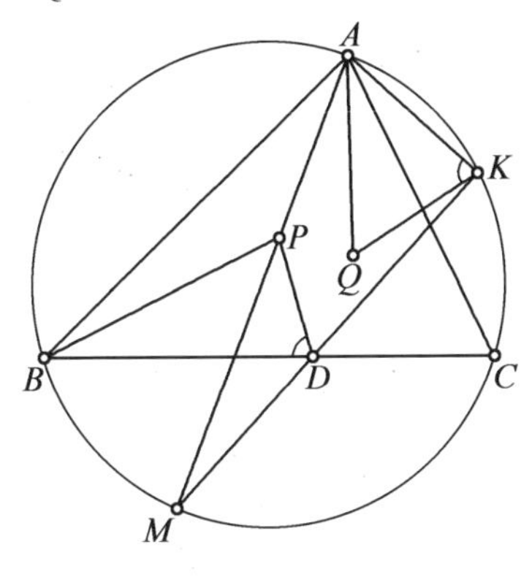

图5

思路分析　如图6,延长AQ交圆O于Y,易得$MY /\!/ BC$,$\angle QAK=\angle BDM$,故

$$\begin{aligned}\angle AKQ=\angle PDB &\Leftrightarrow \angle AQK=\angle PDK\\ &\Leftrightarrow \triangle YQK \backsim \triangle MDP\\ &\Leftrightarrow MD:MP=YQ:YK\\ &\Leftrightarrow MD\cdot YK=MP\cdot YQ\end{aligned}$$

又$\triangle BMD \backsim \triangle KYB$,故

$MD\cdot YK=MB\cdot YB$,同理有$MP\cdot YQ=MB\cdot YB$,即证.

证明　如图6,延长AQ交圆O于点Y,由$\angle BAM=\angle CAY$得$MY /\!/ BC$,则$\angle MBD=\angle YKB$. 又$\angle BMD=\angle KYB$,则$\triangle BMD \backsim \triangle KYB$,故$MD:MB=YB:YK$,即$MD\cdot YK=MB\cdot YB$.

由

$$\begin{aligned}\angle MPB&=\angle MAB+\angle ABP\\ &=\angle YBC+\angle QBC=\angle YBQ\end{aligned}$$

又$\angle BMP=\angle QYB$,则$\triangle BMP\backsim\triangle QYB$,故

$$MP:MB=YB:YQ$$

即$MP\cdot YQ=MB\cdot YB$,从而

$$MD\cdot YK=MP\cdot YQ$$

即$MD:MP=YQ:YK$,又$\angle AMK=\angle AYK$,故$\triangle YQK\backsim\triangle MDP$,则$\angle AQK=\angle PDK$,又

$$\angle QAK=\angle YAC+\angle CAK=\angle BCM+\angle CMD=\angle BDM$$

故$\angle AKQ=\angle PDB$.

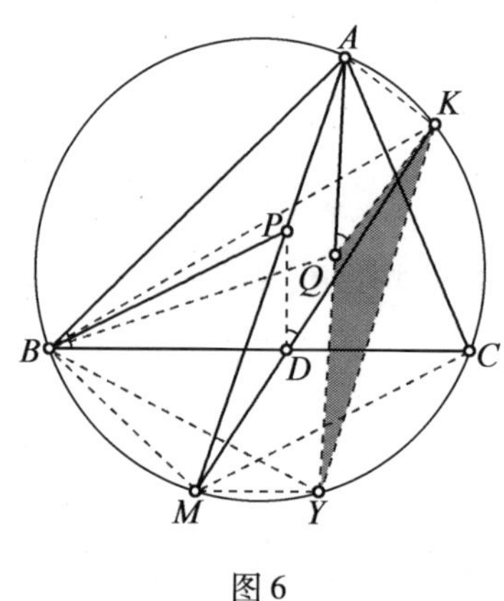

图 6

注 (1)本题难点在于等角共轭如何用,以及怎么得到求证结果,前面发现的 $MY/\!/BC$ 及 $\angle QAK=\angle BDM$ 虽然简单,但是也很重要,因为它们是后续推导的基础.本题的突破点在于将角度相等转化为新的角度相等,又转化为相似,继续转化为线段关系,最后转化为新的相似.

(2)本题看似和鸡爪定理无关,实际上是鸡爪定理的推广,因为当点 P 在$\triangle BCI$ 外接圆上时,由等角共轭容易发现 Q 也在此圆上且 P 与 Q 关于 AI 对称,此

即为第3题;MY 重合时,即为第1题鸡爪定理的形式;当然 P,Q 均与内心重合时,则为最简单第四篇第5题.垂直的进一步推广也是顺理成章的,因为从本质上看垂直不重要,重要的是角相等,其证明也几乎没有区别.

(3)本题难度比第1题增加了许多,第1题中角平分线的性质还是非常好的,在那个构型下几乎没有难题,但是推广以后的入手点就窄了很多,不过大体思路还是类似的,在上题的基础上解决本题应该容易不少.

(4)本题也能把第二篇的第5题统一起来,而且它还启发我们可以考虑将内心的性质推广为等角线或者等角共轭点的性质.

5.(2018.1.4,"我们爱几何"公众号,作者:万喜人)如图7,O,I 分别为 $\triangle ABC$ 的外心和内心,AD 是 BC 边上的高,OI 交线段 AD 于点 K. $\triangle ABC$ 的外接圆半径与 BC 边上的旁切圆半径为 R,r,求证 $R:r=AK:AD$.

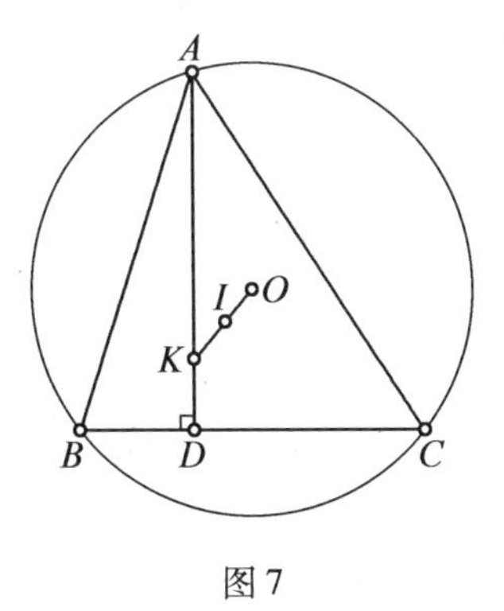

图7

思路分析　如图8,设 BC 边上旁心为 I',则 A,I,I' 三点共线,设 $I'H\perp BC$,显然 $OJ\perp BC$,由鸡爪定理得

$$JI=JB=JI'$$

$$
\begin{aligned}
R:r=AK:AD &\Leftrightarrow OJ:AK=I'H:AD\\
&\Leftrightarrow JI:IA=I'T:AT\\
&\Leftrightarrow JI:IA=I'T:AT\\
&\qquad\qquad=(I'T-JI):(AT-AI)\\
&\qquad\qquad=JT:TI(\text{等比定理})\\
&\Leftrightarrow JI:(IA+JI)=JT:(TI+JT)(\text{等比定理})\\
&\Leftrightarrow JI:JA=JT:IJ
\end{aligned}
$$

这是鸡爪定理的基本性质,从而原结论成立.

图 8

注 (1)不难发现这是第三篇第 2 题的推广,因为当 K,D 两点重合时即为那道题,当然其证明也与那道题一模一样. 但是还是要为独具慧眼、目光如炬的万老师点赞,因为这个比例式揭示了此构型的一般性结果,反映了其本质所在.

(2)对调和点列比较熟悉的读者应该已经看到图 8 中 A,T,I,I' 四点构成调和点列,这也可以说是此类问题的本质所在.

损则有乎

第八篇

鸡爪定理结构简单,但是运用之妙,存乎一心,想用好殊为不易,下面再看几个问题.

1.(2016 年 IMO 中国国家队选拔考试第三次第 3 题)如图 1,圆内接四边形 $ABCD$ 中,$AB > BC$,$AD > DC$,I,J 为 $\triangle ABC$,$\triangle ADC$ 的内心,以 AC 为直径的圆交线段 IB 于点 X,交 JD 的延长线于点 Y,证明:若 B,I,J,D 四点共圆,则点 X,Y 关于 AC 对称.

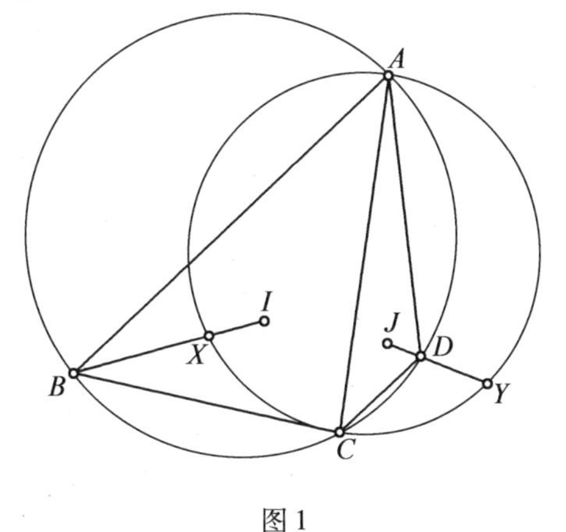

图 1

思路分析 本题图形新颖,条件有点复杂,特别是证明结果,看着有点无从下手.只能先分析图形的基本性质并逐步简化图形.

如图2,先由内心得到 DJ 过弧 ABC 的中点 H,BI 过弧 ADC 的中点 K,则 HK 为 AC 的中垂线,设 DH 交 BK 于点 T,则

$$B,I,J,D\text{ 四点共圆}\Leftrightarrow \angle TIJ=\angle TDB=\angle TKH$$
$$\Leftrightarrow IJ /\!/ KH$$

固定 AC,圆上任选点 B,设 I 为 $\triangle ABC$ 的内心,过点 I 作 AC 垂线交以点 H 为圆心、HC 为半径的圆于点 J(鸡爪定理),HJ 交圆于 D,即满足 B,I,J,D 四点共圆.

图形还是太复杂,需要继续分析简化图形,$IJ/\!/KH\Leftrightarrow TK:TH=KI:JH=CK:CH$,这样就和 I,J,B,D 四点无关了.

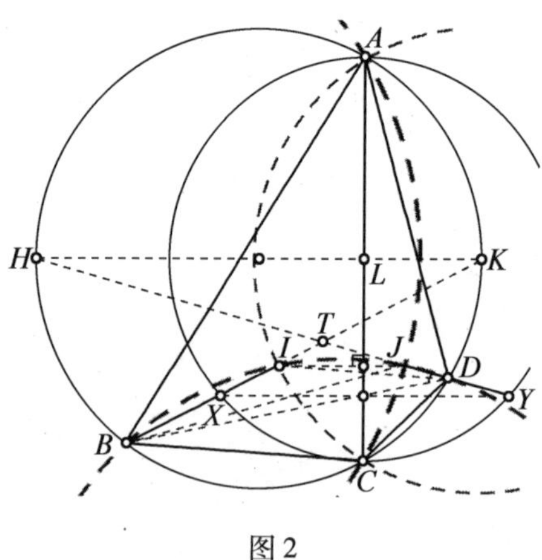

图2

问题重新描述为:如图3,A,H,C,K 四点共圆且 HK 为直径,动点 T 满足 $TK:TH=CK:CH$,且 HT,KT 交以 AC 为直径的圆于 Y,X 两点,求证:X,Y 两点关于

AC 对称.

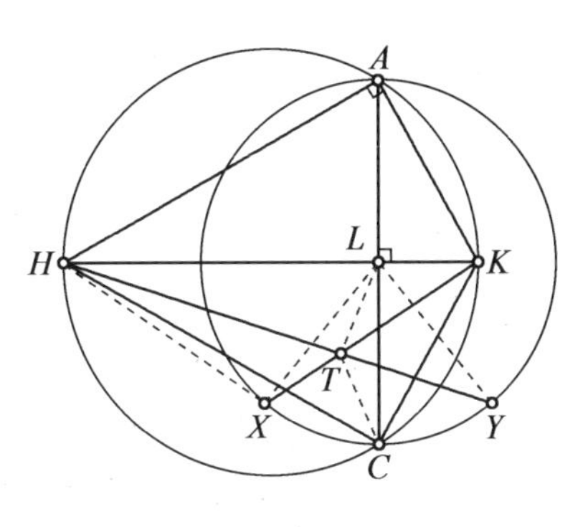

图 3

思路分析　这时应该由结果分析试试了,X,Y 两点关于 AC 对称$\Leftrightarrow \angle HLX=\angle KLY$,这时似乎还是不好入手,继续观察图形的性质,先想最好的情形. 最好 $\angle HYL=\angle XKL$ 且 $\angle YHK=\angle KXL$,似乎是对的,这样只需证明 $H,L,T,X;K,L,T,Y$ 分别四点共圆,由对称性,只需证明一个共圆即可,这样能继续消掉点 X. 在图 4 中,只需证明 $\angle HYL=\angle TKH$ 即可. 即证 $\triangle HYL\backsim\triangle HKT$,这两个三角形有公共角,我们还有 $TH:TK=CH:CK=LH:LC=LH:LY$,这和前面用过几次的 SSA 类似,因为两个角为钝角,这用正弦定理很容易说明,这样本题就彻底解决了. 下面将最后的证明写一下即可,$\angle HLY>\angle HLC=90°$, $\angle HKT<\angle HKC<90°$,故 $\angle HYL$, $\angle HKT$ 均为锐角.

$$\begin{aligned}\sin\angle HKT:\sin\angle THK&=TH:TK=CH:CK\\&=LH:LC=LH:LY\\&=\sin\angle HYL:\sin\angle THK\end{aligned}$$

故 $\sin\angle HKT=\sin\angle HYL$, $\angle HYL=\angle HKT$. 这样按上述

思路补全证明即可,不再赘述.

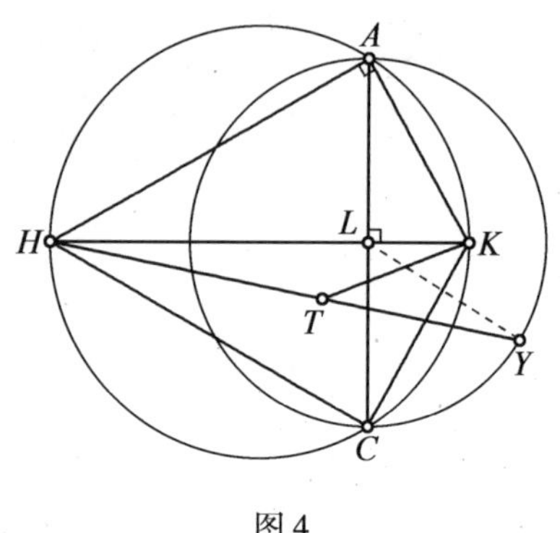

图 4

注 (1)上面展示了本人思考本题的全过程,虽然最后结果证明并不复杂,但是探索过程还是比较艰辛的.这个转化和简化问题的过程希望初学几何者用心体会,当然最好自己有很多类似的思考探究过程.

(2)解决完本问题后我查阅了 2016 年第五期《中等数学》发表的参考答案,答案的思路和我的思路基本一样.这说明这个解答还是比较自然合理的.本题命题人为何忆捷老师,他是 CMO 金牌获得者,现在也主要研究平面几何命题,是国内几何命题和解题的领军人物. 2016 年第八期《中等数学》刊登了何忆捷及林天齐的文章《介绍三道国家集训队平面几何题的命题过程》,通过那篇文章可以看出,何忆捷老师的命题思路比较曲折,嵌套了两三个复杂的命题,这个参考答案应该是试卷里的优秀解答.当然这也说明这个图形中蕴含着复杂而丰富的性质,对此有兴趣的读者可以自行探讨.

(3)图 3 中点 T 的轨迹显然是阿波罗尼斯圆,要

严格作图的话还是需要了解的.

(4)其实这个题目给我的直观感觉是像第六篇中的第5题,因为二者都有一个以某条弦为直径的圆,感觉它们可能会有联系,不过从结果看来似乎关系不大.这也说明有时候直觉也未必可靠.

以下是山东济南遥墙中学李文正老师给我发过来的一道题,是他对第二篇第7题的推广.

2. 如图5, $\triangle ABC$ 的外接圆为圆 O,点 D,E 在 $\angle BAC$ 的角平分线上,且 $\angle ABE=\angle CBD$,过点 D 作 OD 的垂线交 BC 于点 K,过点 A 作 DK 的平行线交圆 O 于点 F. 求证:$KE=KF$.

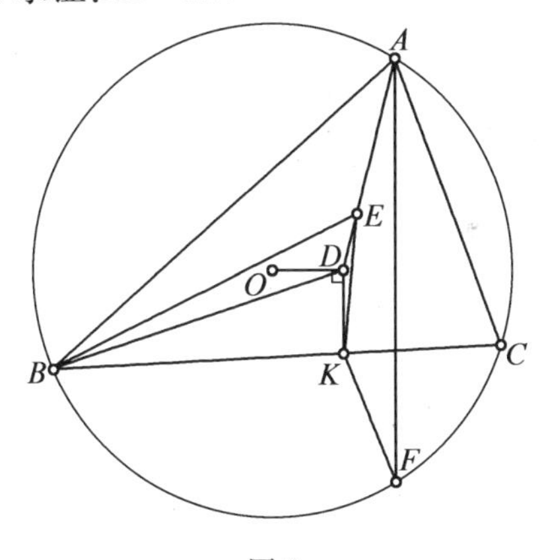

图5

思路分析　拿到这个题目,我首先想到第一篇第2题和第二篇第7题,它们的本质相同,只是叙述角度略有出入,这道题显然是后一题的推广,那道题就比较困难,本题难度应该有增无减. 还有第七篇第1题,因为此题中的点 D,E 和那道题中的点 Q,P 相同. 不过我还是很有信心解决此题的,因为毕竟我对这个题目的来龙去脉及基本构型都比较熟悉.

首先我想到的是第一篇第2题,我当时提供了两种思路,即蝴蝶定理和鸡爪定理.本题应该也考虑这两种思路.我先尝试了蝴蝶定理,似乎没有希望.那就只能用鸡爪定理,如图6,延长 AE 交圆 O 于点 J,JF 交 BC 于点 L.但是感觉图形还是有些凌乱.我觉得最好还是退而求其次,先考虑用鸡爪定理重新解决其特例——第二篇第7题,即点 D,E 重合于内心 I 时的情形.

虽然当时我在第一篇第2题中给出了蝴蝶定理和鸡爪定理两种证明,但是感觉都有些麻烦.把这道题转化到那里再解决明显绕了弯路,不知在这里能否把证明进一步改进.此时目标比较明确:证明 I,K,F,L 四点共圆.

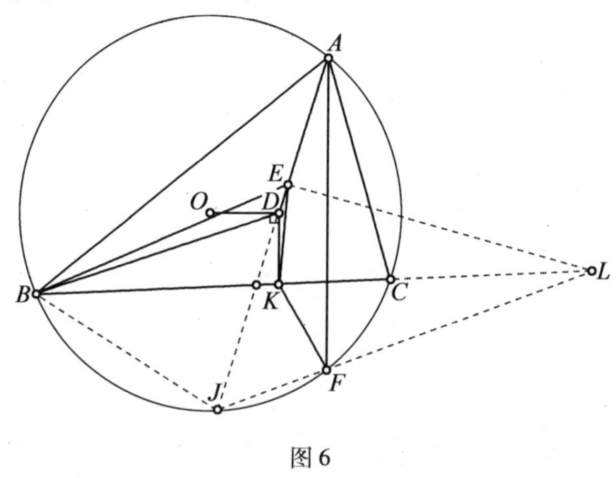

图6

如图7,平行及垂直的用处只能是四个角相等,即 $\angle JIK=\angle JAF=\angle AFI=\angle KIF$,由鸡爪定理又能得到 $\angle JLI=\angle JIF$ 及 $\angle IAF=\angle JLN$,这就解决了.

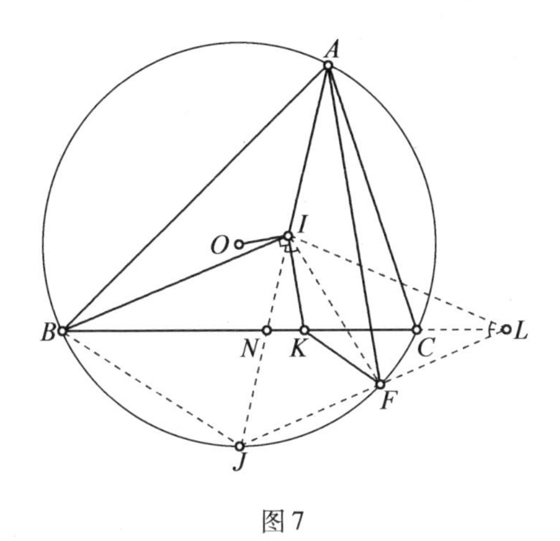

图 7

改进后的证明如下：

由垂直及平行得

$$\angle JIK = \angle JAF = \angle AFI = \angle KIF$$

由鸡爪定理得

$$JI^2 = JF \cdot JL = JN \cdot JA$$

则 A,N,F,L 四点共圆，且

$$\angle JLI = \angle JIF = 2\angle IAF = 2\angle JLN$$

则

$$\angle KLF = \angle KLI = \angle KIF$$

则 I,K,F,L 四点共圆，则

$$KI = KF$$

我对这个改进后的证明比较满意，毕竟辅助线容易想到，而且只是用了相似和共圆，过程也比较简单，没有用到蝴蝶定理等相对“高深”的二级结论.

下面当然是趁热打铁，再看 D,E 两点不重合的情形，几乎也是如出一辙.

证明 如图 8,由垂直及平行得

$$\angle JDK = \angle JAF = \angle AFD = \angle KDF$$

由第七篇第 1 题知

$$JD \cdot JE = JF \cdot JL = JN \cdot JA$$

则 A,N,F,L 及 D,E,L,F 分别四点共圆

$$\angle JLE = \angle JDF = 2\angle JAF = 2\angle JLN$$

$$\angle KLF = \angle KLE = \angle KDF$$

则 D,K,F,L 四点共圆,D,K,F,L,E 五点共圆,则$KE = KF$.

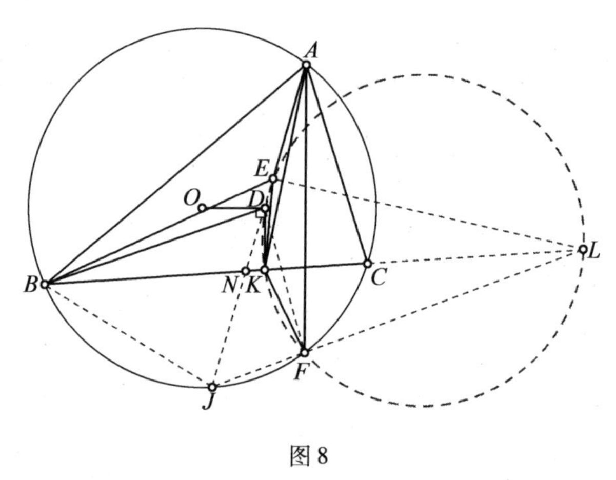

图 8

注 (1)本题结论很漂亮,最后得到的证明也比较简洁,但是题目难度不算低. 当然还可以考虑将其推广到等角共轭的情形中,我暂时还没有得到相应的结果,相信会有读者能得到更本质的结论.

(2)本题真实还原了本人的解题过程,不难发现解决其特例是最终得到结果的关键所在,这也说明有

时候解题要以退为进，从简单做起.

(3)在本题基础上，显然第一篇第2题即第二篇第7题的证明都能改进，当然它也和第七篇第1题有着本质的联系，通过本题我们能对这三个题目有更深刻的理解和认识. 当然归根结底还是第一篇的命题2，这几乎也是所有鸡爪定理构型的核心性质，当然也可以考虑将其进一步推广到等角共轭点中.

3. (2017年波兰数学奥林匹克决赛)如图9，锐角$\triangle ABC$中，$AB>AC$，AD为角平分线，M为BC的中点，O，O'为$\triangle ABC$，$\triangle AMD$的外心. 求证：$OO'/\!/AD$.

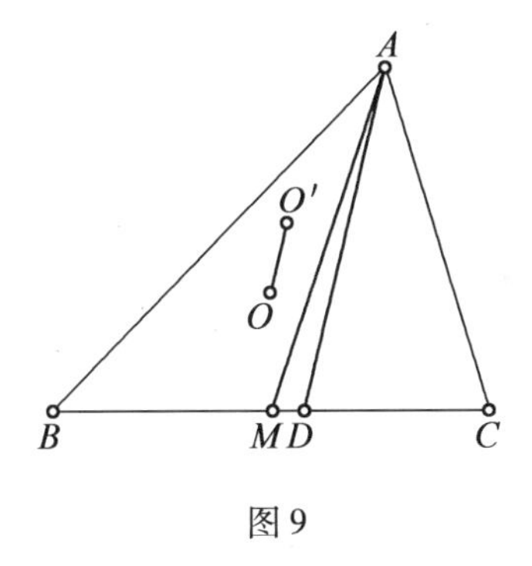

图9

思路分析　补出两圆，作出两弧中点，结论自然得出.

证明　如图10，设G，H为弧BAC及弧BC的中点，显然G，O，M，H；A，D，H分别共线.

$$OM\perp BC, GA\perp AD$$

故A，G，M，D四点共圆，其圆心为O'. 从而$OO'\perp AG$，故$OO'/\!/AD$.

注 本题相对简单,不过可以考虑联系第六篇第4题.

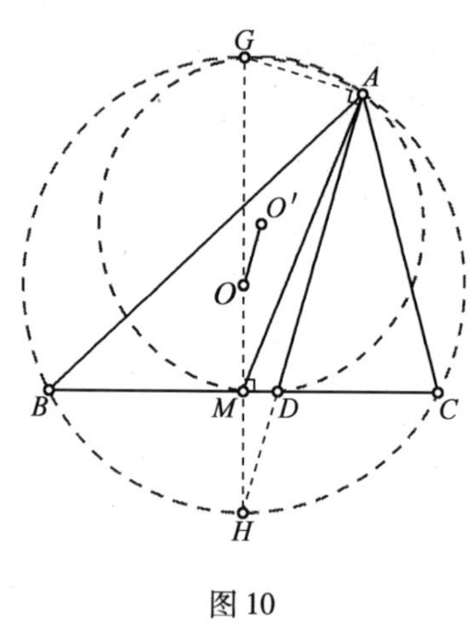

图10

羝羊触藩

第九篇

1. 如图 1,Q 是 $\triangle ABC$ 的外接圆上不含点 A 的弧 BC 上的一个动点,X,Y 为 $\triangle ABQ$,$\triangle AQC$ 的内心,O 为 $\triangle QXY$ 的外心.

(1) 求证:O 在某个定圆上运动.(“金磊讲几何构型”公众号第一期征解问题)

(2) 以 XY 为直径的圆恒过定点.(2003 年 IMO 中国国家集训队资料第 10 题)

(3) XY 中点在定圆上.(2003 年 IMO 中国国家集训队资料第 10 题)

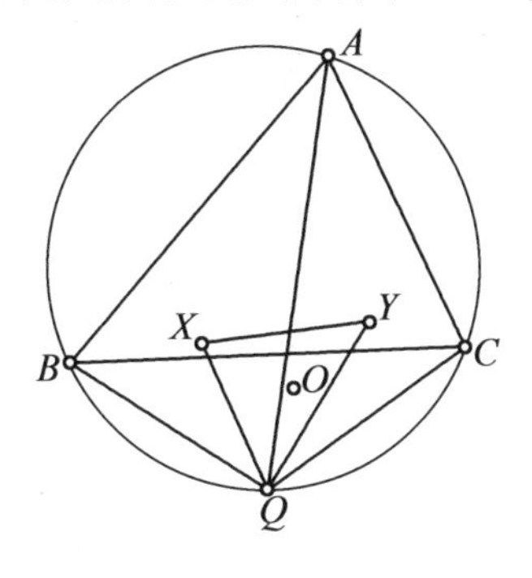

图 1

思路分析 显然本题与第三篇第4题有着紧密的联系,由那道题可得 QXY 过圆 O' 上定点 T,进而由相交两圆性质得到相似三角形即可解决第1问;联想到第二篇第1题即可解决第2问;利用鸡爪定理即可解决第3问.

证明 (1)如图2,如图设 M,N 分别为 $\triangle ABC$ 的外接圆 O' 上的弧 CA,AB 的中点.过点 A 作 $AP/\!/MN$ 交圆 O' 于点 P, I 为 $\triangle ABC$ 的内心,联结 PI 并延长交圆 O 于点 T.

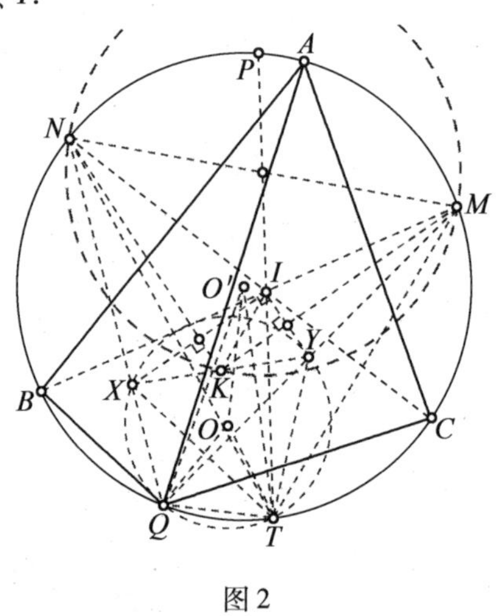

图2

由第三篇第4题的证明知 Q,T,Y,X 四点共圆,则

$$2\angle OO'T=\angle QO'T=2\angle QNT$$

$$2\angle QXT=\angle QOT$$

则

$$\angle NXT=\angle O'OT$$

故 $\triangle NXT\backsim\triangle O'OT$.

由鸡爪定理得

$$O'O:NI=O'O:NX=O'T:NT$$

即 $O'O=\dfrac{NI\cdot O'T}{NT}$为定值,即点 O 的轨迹为以 O'为圆心,$\dfrac{NI\cdot O'T}{NT}$为半径的圆.

(2)由第二篇第1题知 $XI\perp YI$,故以 XY 为直径的圆恒过定点 I.

(3)由鸡爪定理得 $NI=NX$,又由(2)知 $KX=KI$,故 $NK\perp XI$,同理 $MK\perp YI$,故 $NK\perp KM$,故点 K 在以 MN 为直径的圆上.

注　(1)本题显然是第三篇第4题2009年全国高中数学联赛试题的推广和加强,第一期征解问题是本人得到的一个结论,本质是相交两圆的基本性质(叶中豪老师称$\triangle O'OT$为相交两圆 O,O'的第一特征三角形,切中肯綮、一语中的.后面会专门写相交两圆构型的专题).本题难度一般,主要目的还是希望读者巩固前面文章中的结论.截至目前,第一个问题收到一份解答,是来自北京十一学校的崔云彤同学的,他又引入了三个引理,过程稍微有些复杂,这也说明本图中蕴含着很多有趣的结论,这里对他提出表扬.

(2)根据本人查阅的资料,此题第一次出现是在1999年第39届IMO预选赛上,原题即让证明$\triangle QXY$外接圆过圆 O'上的一个定点,证明方法也是与上面完全一样.本结论优美雅致,人见人爱,特别受中国国家集训队的钟爱.第2、第3问是2003年中国国家集训队资料中的第10题,2008年中国国家集训队选拔考试第5次的第13题又把此题稍加改变了(由 Q,X,Y,T 四点共圆证明 TP 平分 MN),然后即是前面讲到的2009年全国高中数学联赛.近几年许多人发现,公众号“我们爱几何”中2017年9月8日的新题快递即为证明$\triangle QXY$外接圆过圆O'上的一个定点，它显然就是最早的版本，是万喜人老师重复发现的.

(3)本构型中还有不少性质值得挖掘，例如从相交两圆的角度探讨，或者从曼海姆定理的角度探讨，又会有新的大量的结论，这里就先不展开了，有兴趣的读者可以自行研究.

2. 如图3，点O是锐角$\triangle ABC$的外心，作$OD\perp BC$于点D，$OE\perp AC$于点E，$OF\perp AF$于点F. 求证：$OD+OE+OF=R+r$，其中R，r分别是$\triangle ABC$的外接圆、内切圆的半径.（卡诺定理）

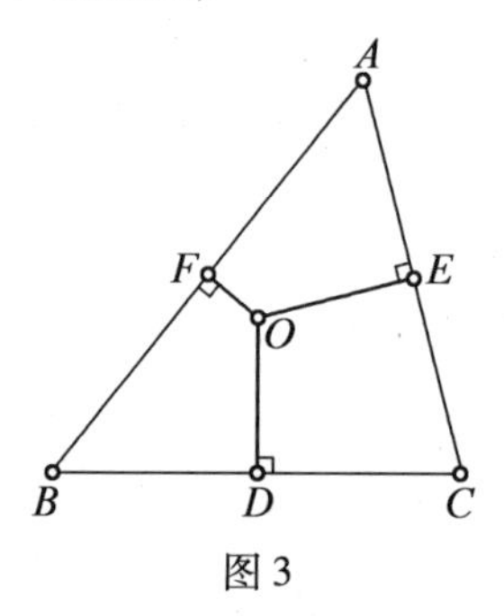

图3

思路分析 由垂足想到四点共圆，可以写出托勒密定理. 要证明结果含有r，可以考虑尝试面积公式，最后由面积关系得到等式.

证明 如图4，设$\triangle ABC$的三边分别为$2a$，$2b$，$2c$. 由垂直得到三组四点共圆，根据托勒密定理

$$OE\cdot c+OF\cdot b=R\cdot a \quad ①$$

$$OF\cdot a+OD\cdot c=R\cdot b \quad ②$$

$$OD\cdot b+OE\cdot a=R\cdot c \quad ③$$

由面积关系得到

$$OD \cdot a + OE \cdot b + OF \cdot c = S_{\triangle ABC} = r(a + b + c) \quad ④$$

① + ② + ③ + ④得

$$(OD + OE + OF)(a + b + c) = (R + r)(a + b + c)$$

约去$(a + b + c)$即得结论.

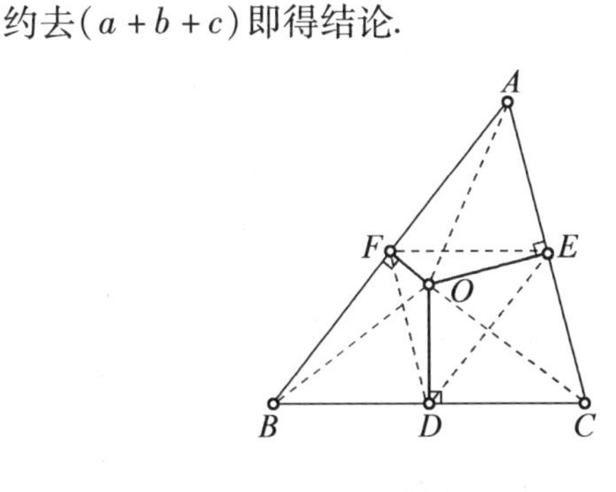

图 4

注 本结论刻画了外心到三边距离和与外接圆、内切圆半径之间的关系,这个恒等式极其漂亮,也是托勒密定理应用的典型例子. 当然本结论也可以用三角函数计算得到,也不算复杂.

还要特别说明的是,当三角形为钝角三角形时,要使结论成立,就要规定距离的正负(有向距离):如果某条高线完全位于三角形的外部,则定义其长度的“数量”为负,否则为正,我们仍然用 OD, OE, OF 表示三条高线的“数量”,这样就能把钝角三角形的情形也包括了.

3. 如图 5, 四边形 $ABCD$ 内接于圆, $\triangle BCD$, $\triangle ACD$, $\triangle ABD$, $\triangle ABC$ 内接圆半径分别为 a, b, c, d. 证明:$a + c = b + d$.

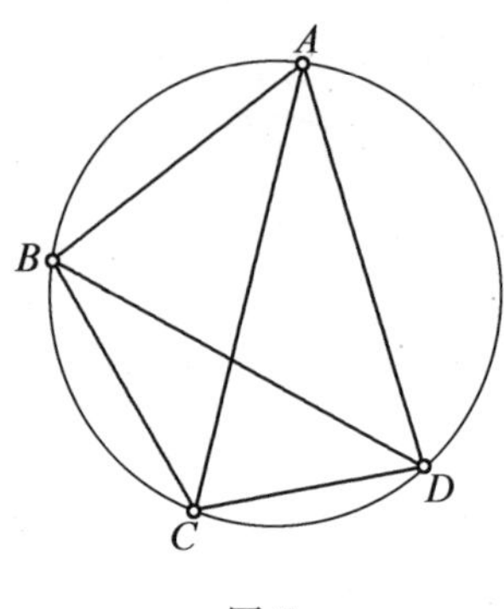

图 5

思路 1　看到本题想到第二篇第 1 题，从而得到此四个内心构成长方形，然后想到矩形任意一点到矩形的对顶点距离平方和相等以及含有内心外心距离的欧拉公式——第二篇第 2 题即可解决本题.

证法 1　如图 6，设圆 O 半径为 R，由第二篇第一题得到此四个内心 $A'B'C'D'$ 构成矩形，过 O 作矩形两临边垂线 FH，IG，由勾股定理得

$$\begin{aligned}A'O^2+C'O^2&=IO^2+FO^2+GO^2+HO^2\\&=B'O^2+D'O^2\end{aligned}$$

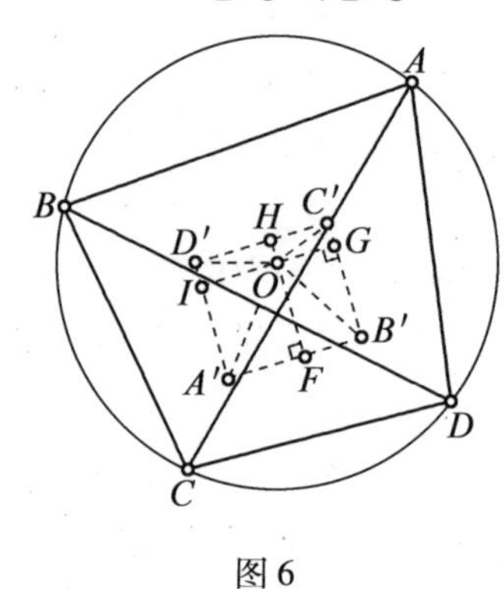

图 6

由第二篇第2题得到

$$A'O^2 = R^2 - 2Ra$$

类似得到其余,带入上式即得

$$R^2 - 2Ra + R^2 - 2Rc = R^2 - 2Rb + R^2 - 2Rd$$

即 $a + c = b + d$.

思路2　同思路一得到四个内心构成矩形,将结果改成差的形式,用三角函数分别计算出来两个差,结合共圆即可得到结果.

证法2　如图7,设 $ABCD$ 四个角分别为 $2A,2B,2C,2D$,则

$$\angle A + \angle C = \angle B + \angle D = 90^\circ$$

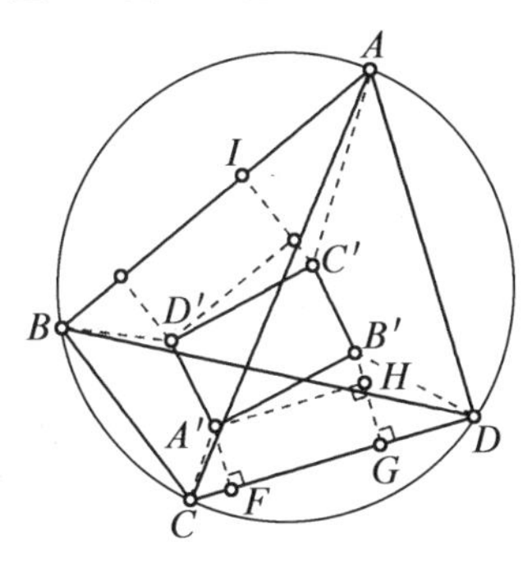

图7

由第二篇第1题知 $A'B'C'D'$ 为矩形,且 A',B',D,C 四点共圆,作 $A'F \perp CD, B'G \perp CD, A'H \perp B'G$,则

$$\angle A'B'H = 180^\circ - C - (90^\circ - D) = 90^\circ + D - C$$

同理

$$\begin{aligned}\angle D'C'I &= 180^\circ - B - (90^\circ - A) = 90^\circ + A - B \\ &= 90^\circ + D - C = \angle A'B'H\end{aligned}$$

故

$$
\begin{aligned}
b-a &= B'H = A'B'\sin\angle A'B'H \\
&= D'C'\sin\angle D'C'I = c-d
\end{aligned}
$$

即 $a+c=b+d$.

思路 3　由内接圆与外接圆半径想到第 2 题,再用推广后的有向距离消掉 O 到对角线的距离即得.

证法 3　如图 8,设圆 O 的半径为 R,由第 2 题推广后的卡诺定理,对$\triangle ABC$,$\triangle ACD$ 得

$$R+b=OH+OI+OK$$

$$R+d=OG+OF-OK$$

上述两式相加得到

$$2R+b+d=OG+OF+OH+OI$$

对另外两个三角形同理得

$$2R+a+c=OG+OF+OH+OI$$

即 $a+c=b+d$.

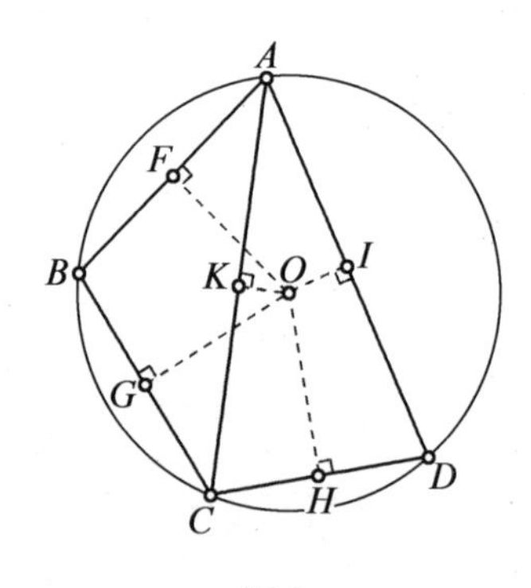

图 8

注　(1)上述三种解法精彩纷呈,各有千秋. 证法 1 想到矩形及平面上任意点到相对点平方和为定值及欧拉公式,把三个经典结论巧妙地贯穿在了一起,其中结论二也是一个深刻而有趣的结论,可以推广到空间

中且其逆命题也成立,此结论还是比较常用的,值得积累. 证法 2 由内心构成矩形及半径差的表示得到结果,更加简洁. 证法 3 想到卡诺定理,将到对角线的距离消去,由对称性得到结果也非常精妙,而且还计算出了 $a+c$ 的具体数值,也值得学习. 上述三种证法都把经典结论应用得淋漓尽致,值得玩味. 从某种意义上说,数学题特别是几何题基本都是经典结论的"堆积",熟悉经典结论的情况下如鱼得水,反之举步维艰. 当然本题应该还有其他方法,例如"暴力计算"等,希望读者多多探讨.

(2)本结论很显然可以进一步推广为对一个圆内接凸 n 边形,无论如何划分成 $n-2$ 个小三角形(不同划分个数称为卡特兰数,是组合数学中的经典结论),它们的内切圆半径之和为定值. 这称为"日本定理",也是一个非常迷人的结论.

(3)本人最早见到此结论是在《初等数学复习及研究(平面几何)》中,此书最早出版于 1958 年,此书体系严谨、结构宏伟、内容包罗万象,被誉为中国的"几何原本",里面很多题目现在看来都是非常复杂而困难的,值得几何爱好者仔细品味解读. 作者梁绍鸿老先生作古多年,其几何水平在当时绝对处于世界领先. 本人就是在叶中豪老师的推荐下研读此书近 5 载,收获颇丰,感觉对几何始登堂入室,略有小成. 虽然此书现在看来略有些"过时",毕竟那时的数学竞赛尚未兴起,不过迄今为止本人尚未见到哪本国内的平面几何书能与之相提并论. 2008 年哈尔滨工业大学出版社又重新出版了此书,并增加了几篇附录,分别是梁绍鸿发表过的论文及尚未发表的几篇研究结果. 同时还重版了尚强老师对此书课后习题的解答. 当然本题在单墫单老的《我怎样解题》中也有讨论,单老书中用的是证法 2 和证法 1. 当然本题也可以直接证明半径和相等,有兴趣的读者可以探讨.

4. (2012 年中国台湾数学奥林匹克选拔考试) 如图 9, $\triangle ABC$ 的外接圆为圆 O, $\angle A$ 的平分线交 BC、圆 O 于点 D, P, 过点 D 作 AB 垂线交 AB、圆 O 于点 E, Q, QC 交 AF 于点 G. 求证: $EG /\!/ FC$.

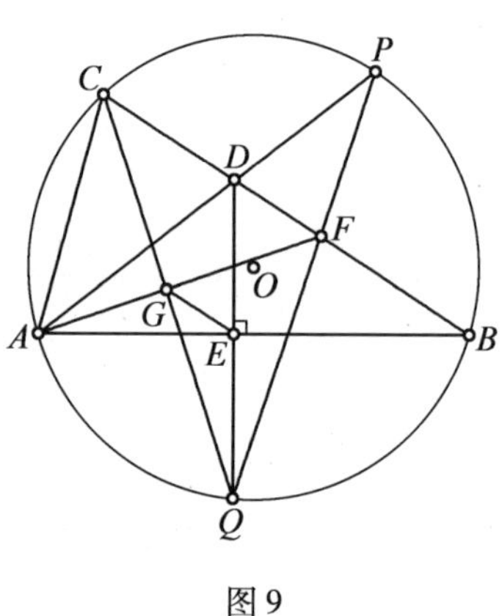

图 9

思路分析 初看证明欲结果平行,路有点多,不好选择,最好先探究图形基本特征.

证明 如图 10, 由鸡爪定理基本构型, 知 $ADFQ$ 共圆, 从而

$$EG /\!/ FC \Leftrightarrow \angle DEG = \angle EDF = \angle QAG$$

$\Leftrightarrow A, G, E, Q$ 四点共圆

$\Leftrightarrow \angle AGQ = 90^\circ$ (因为 $\angle AEQ = 90^\circ$)

$\Leftrightarrow \angle AKQ = \angle ALQ$ (由共圆得 $\angle DAF = \angle DQF$)

$\Leftrightarrow \angle APQ + \angle PQC = \angle APQ + \angle PAB$

$\Leftrightarrow \angle PQC = \angle PAB$

$\Leftrightarrow PA$ 为 $\angle CAB$ 平分线

显然成立,故结果成立.

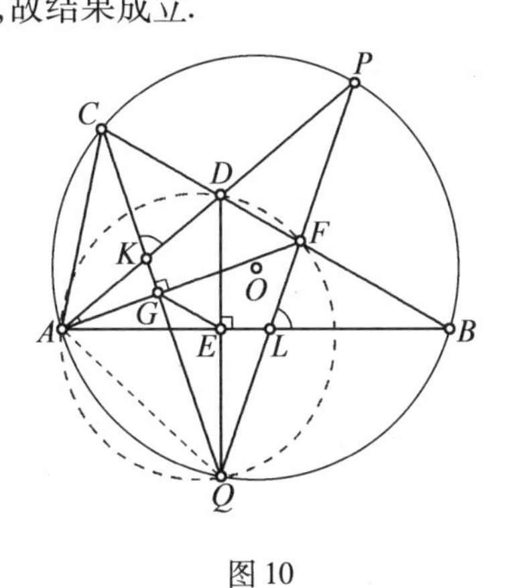

图 10

注　(1)本题初看有些困难,如果选择计算就会颇费周折. 关键在于准确理解和把握鸡爪定理的构型,如果能迅速找到共圆,证明还是比较简单的.

(2)为了展示本人思考的过程,本人用分析法书写解答,考试中这样写当然是不明智的,考试的解答过程应该是严谨的综合法,但是在平时教学演示中分析法比较符合我们的思维模式. 希望学生读者体会真意,切勿邯郸学步、东施效颦.

第十篇

双龙取水

我原本计划只写三五篇有关鸡爪定理的文章,没想到写起来就欲罢不能,钻之弥深、仰之弥高,看来三角形的特殊点(心)中内心是最复杂、最深奥的,有关的问题也是最多的. 内心与外接圆结合能产生数以千计的妙题,正所谓“内心外圆一相逢,便胜却人间无数”.

1. (2017. 9. 8,“我们爱几何”公众号,作者:万喜人)如图 1,$ABCD$ 为圆 O 上的定点,P 是不含弧 CD 的弧 AB 上的动点,T,K 为 $\triangle PAD$, $\triangle PBC$ 的内心. 求证:$\triangle PTK$ 外接圆过圆 O 上定点.

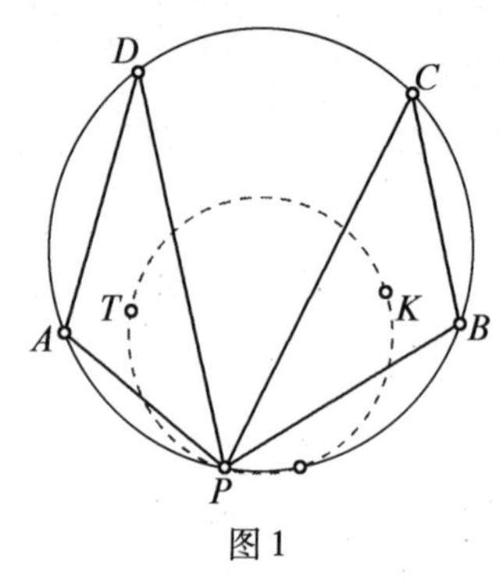

图 1

思路分析　此题显然是第九篇第 1 题的推广，证明思路可能也是按图索骥，但是此时内心的作用不大了，定点不好确定了.

只能从结果分析，设点 F,G 为弧 AD,BC 的中点，设定点为 Q，类似那题，我们需要 $\triangle QTF\backsim\triangle QKG$，即需要 $FT:KG=FQ:GQ$，即 $DF:CG=FQ:GQ=$定值，而满足条件的 Q 的轨迹为阿波罗尼斯圆，与弧 AB 恰有一个交点，此点即为所求定点.

证明　如图 2，设点 F,G 为劣弧 AD,BC 的中点，由鸡爪定理得

$$FT=FD,GK=GC$$

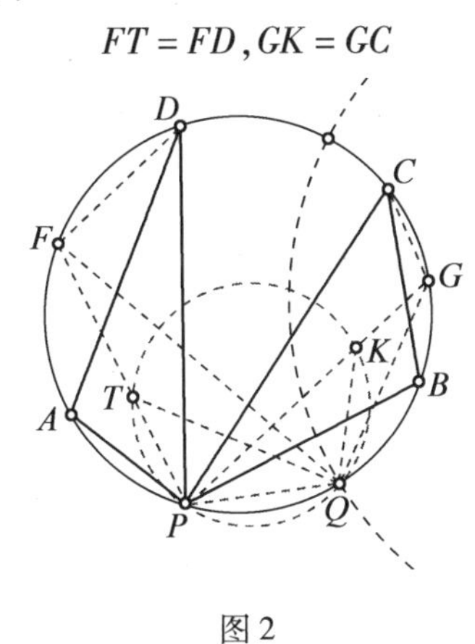

图 2

满足 $XF:XG=DF:CG$ 的动点 X 的轨迹为阿波罗尼斯圆，此圆与劣弧 AB 的交点唯一，设为 Q，则

$$QF:QG=DF:CG=TF:KG$$

又

$$\angle PFQ=\angle PGQ$$

则

$$\triangle QTF\backsim\triangle QKG$$

则

$$\angle PTQ = \angle PKQ$$

则 P,T,K,Q 四点共圆,即$\triangle PTK$ 外接圆过圆 O 上定点 Q.

注 本结论是万喜人老师告诉我的,前面我查资料的时候忽略了这个问题,这说明我的阅读面确实有限,对同类问题经常一叶障目,不见泰山,可能会挂一漏万,希望读者指点迷津、不吝赐教. 显然此题是万老师对第九篇第1题进一步推广的结果,证明与之也异曲同工. 对沢山定理比较熟悉的读者应该已经从本题中看到沢山定理的影子,当然在此构型下,还能对上篇的第1题进一步展开研究,限于篇幅,不再深究.

2. (2009 年 frankvisita 在东方论坛编的题目)如图3,点 E 为$\triangle ABC$ 外接圆 O 上弧 BAC 的中点,点 D 在 OE 上,$\triangle ABD$,$\triangle ACD$ 的内心为 X,Y. 求证:X,Y,A,E 四点共圆.

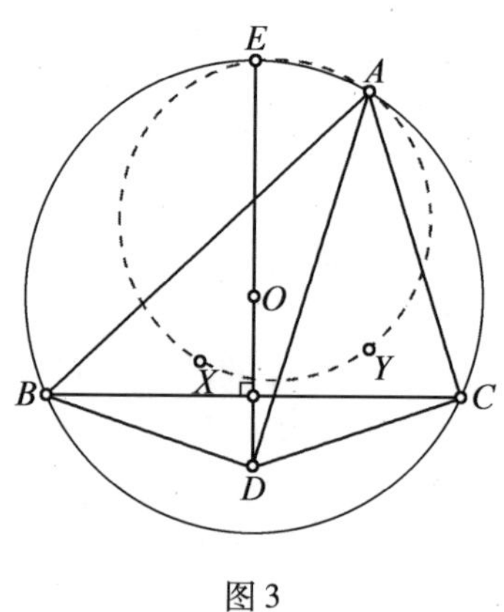

图 3

思路分析 先从结果分析,X,Y,A,E 四点共圆$\Leftrightarrow$

$\angle XEY=\angle XAY=\frac{1}{2}\angle BAC=\frac{1}{2}\angle BEC=\angle BED\Leftrightarrow$

$\angle XEB=\angle YED$.

下面分析图形几何性质,几何性质中相似共圆找不到,只能退而求其次,找角度关系,只要得到$\angle DBX=\angle ECY$,同理得到其余角相等,在两个三角形中分别利用角元塞瓦定理即可证明.

证明　如图4,因为

$$\begin{aligned}\angle DBX&=\frac{1}{2}\angle DBA\\&=\frac{1}{2}(\angle DBE-\angle EBA)\\&=\frac{1}{2}(\angle DCE-\angle ECA)\\&=\frac{1}{2}(\angle DCE+\angle ECA)-\angle ECA\\&=\frac{1}{2}\angle DCA-\angle ECA\\&=\angle YCA-\angle ECA=\angle ECY\end{aligned}$$

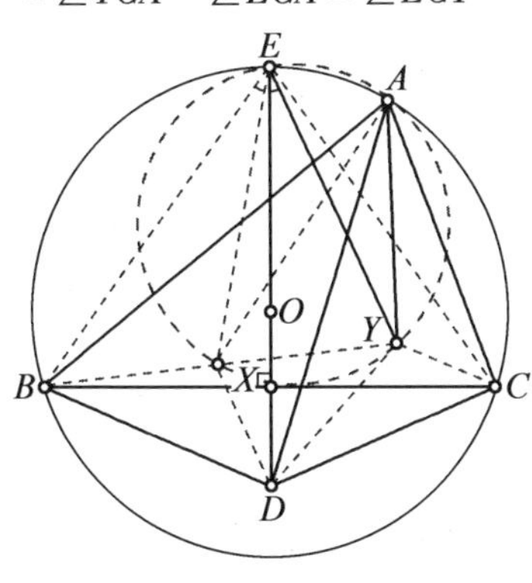

图4

所以

$$\angle EBX=\angle YCD$$

又

$$\angle XDY=\frac{1}{2}\angle CDB=\angle BDE$$

则

$$\angle BDX=\angle EDY,\angle EDX=\angle CDY$$

在$\triangle EBD$中,由角元塞瓦定理得

$$\frac{\sin\angle BDX}{\sin\angle EDX}\cdot\frac{\sin\angle DEX}{\sin\angle BEX}\cdot\frac{\sin\angle EBX}{\sin\angle DBX}=1$$

同理

$$\frac{\sin\angle CDY}{\sin\angle EDY}\cdot\frac{\sin\angle DEY}{\sin\angle CEY}\cdot\frac{\sin\angle ECY}{\sin\angle DCY}=1$$

则

$$\frac{\sin\angle DEX}{\sin\angle BEX}=\frac{\sin\angle CEY}{\sin\angle DEY}$$

则

$$\angle XEB=\angle YED$$

$$\angle XEY=\angle BED=\frac{1}{2}\angle BEC=\frac{1}{2}\angle BAC=\angle XAY$$

故X,Y,A,E四点共圆.

注 此题与上题差之毫厘,谬之千里,思路和解法都大相径庭.放在一起方便大家对比,此题解法中两个角元赛瓦定理的运用还是非常有趣的,几何题目中也要适当引入一些计算.此题作者当时还是中学生,活跃在论坛上,对很多几何问题的研究都很深入,值得大家学习.

3.(2012年中国香港数学奥林匹克)如图5,$\triangle ABC$中,$AB>AC$,M为$\triangle ABC$外接圆上弧BAC的中

点,内切圆 I 切 BC 于点 D,$DP /\!/ AI$ 且点 P 在圆 I 上,求证:AP,MI 交点在$\triangle ABC$ 外接圆上.

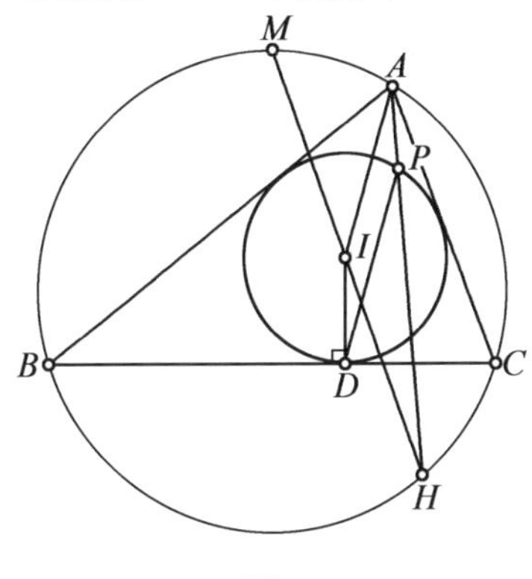

图 5

思路分析　结论不好入手,只能挖掘图形性质,补全图形,由前面结论得到 I,D,H,J,P'五点共圆即可.

证明　如图 6,设 MI 交圆 O 于点 H,设 AH 与圆 I 的靠近 A 的交点为 P',由图形的唯一性只需证明 $DP' /\!/ AI$.

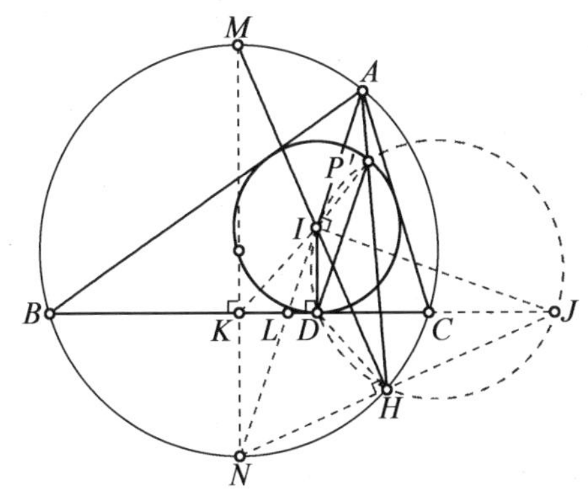

图 6

设 NH 交 BC 于点 J,则 $\angle MHN=90°$,故 I,D,H,J 四点共圆.

由鸡爪定理得

$$NI^2=NL\cdot NA=NH\cdot NJ$$

则 NI 为 $IDHJ$ 外接圆的切线.

因此

$$\angle IHD=\angle NID=\angle MNI=\angle IHA$$

又

$$IP'=ID$$

则 I,P',H,D 四点共圆,则 I,D,H,J,P' 五点共圆.

故

$$\angle NID=\angle IP'D=\angle IDP'$$

即

$$DP'/\!/AI$$

则 P 与 P' 两点重合,即 AP,MI 的交点在 $\triangle ABC$ 的外接圆上成立.

注 本题是 2012 年中国香港数学奥林匹克压轴题,还是有些难度的. 难点在于条件比较分散,不好利用,在充分掌握此构型核心性质的基础上,延长 NH 交 BC 于点 J,利用鸡爪定理把结果转化为五点共圆,就离证明正确结果不远了,当然还要在图形中合理取舍,尽可能言简意赅,最后选择了同一法,当然大家还可以考虑其他证明方法.

4. 如图 7,$AB>AC$,O,I,H 分别为 $\triangle ABC$ 的外心、内心、垂心,$ID\perp BC$ 于点 D,延长 AH 交圆 O 于点 E,$AO/\!/DH$,K 为 CI 的中点. 求证:O,I,K,E 四点共圆.

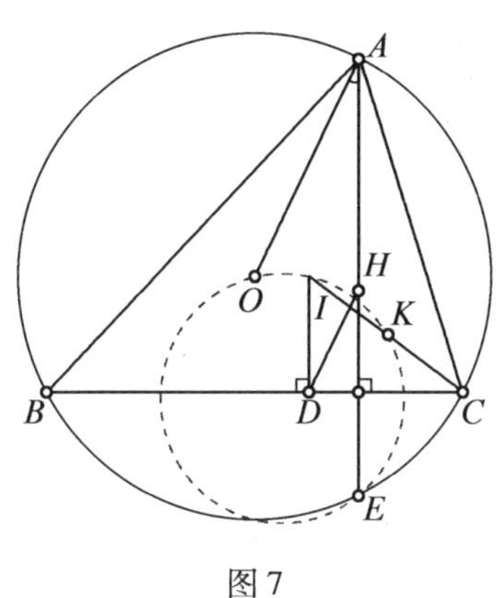

图 7

思路分析　本题条件有些“奇怪”,必然是从分析图形特征入手,不难得到 O,D,E 三点共线,猜测 $IO /\!/ BC$,则为第五篇第 2 题变形,下面关键在于如何使用 O,D,E 三点共线证明 $IO /\!/ BC$,尝试那题的三种解法,发现最后还是类似上题转化为基本构型,得到 A,J,S 三点共线,进而 I,D,E,S,J 五点共圆.

证明　如图 8,设 LF 为垂直于 BC 的直径,LD 交圆 O 于 J,LE 交 BC 于 S,由 H 为垂心得

$$\angle BHE = \angle ACB = \angle AEB$$

则

$$TH = TE$$

又

$$AO /\!/ DH$$

则

$$\angle DEH = \angle DHE = \angle OAE = \angle OEA$$

故 O,D,E 共线.

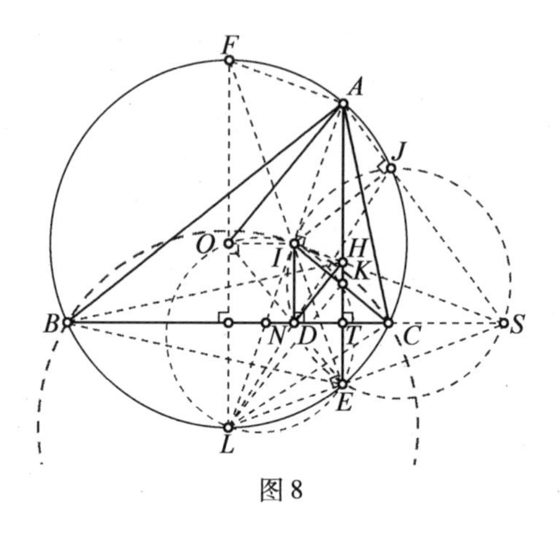

图 8

由鸡爪定理得 D,J,S,E 四点共圆,则

$$\angle DJS = \angle DEL = \angle OEL = \angle OLE$$
$$= 180^\circ - \angle AEL = 180^\circ - \angle AJL$$

故 A,J,S 三点共线.

由第四篇第 5 题得 $\angle AJI = 90^\circ$,故 I,D,S,J 四点共圆,故 I,D,E,S,J 五点共圆,则 $\angle IEL = 90^\circ$.

由第五篇第 2 题得 $\angle IOL = 90^\circ$,由鸡爪定理 $LI = LC$,则 $\angle IKL = 90^\circ$,故 O,I,K,E 四点共圆.

注 (1)本题不是太好入手,难点在于结论隐藏的有些深,条件不好利用. 解决本题的关键是得到 O,D,E 三点共线,然后猜测 $OI /\!/ BC$,证明时尝试第五篇第 2 题三种方法发现只能用鸡爪定理基本构型才能解决. 由 O,D,E 三点共线,得到 A,J,S 三点共线,进一步得到 I,D,E,S,J 五点共圆,即能解决. 不难发现本题和上题有异曲同工之妙,希望读者对照异同.

(2)本题选自田廷彦老师的《数学奥林匹克中的智巧》,第六篇第 4 题也是选自该书. 田老师是国内最

顶尖的少壮派几何解题高手,他见多识广,阅题无数,目光敏锐.我拜读过他的《面积与面积方法》《三角与几何》《圆》《数学奥林匹克中的智巧》《多功能题典:初中数学竞赛》等,几乎每本书的内容都独树一帜、知识丰富,不过他的书一般题量巨大、难度较高,课后练习题的答案都只有简单提示,没有详细解答,题目一般也不注明出处,一般人阅读起来会比较吃力.但是他选的题目都很典型,涵盖全面,几乎每一道题目都值得几何爱好者细细品味,是练功的绝佳材料.而且田老师的计算能力超强,面积法和三角法都颇有心得,几乎找不到他计算不出来的几何问题.本题田老师在书中的解法也是计算得到的,别有一番风味,本文从略,有兴趣的读者可以去参考.

第十一篇

密云不雨

1.(2017.11.28,"我们爱几何"公众号,作者:苏林)如图1,I 为 $\triangle ABC$ 的内心,D 为点 A 所对的弧的中点,点 E 在 BC 上,F 为点 E 关于 D 的对称点,$AG /\!/ IF$.求证:$IG /\!/ EF$.

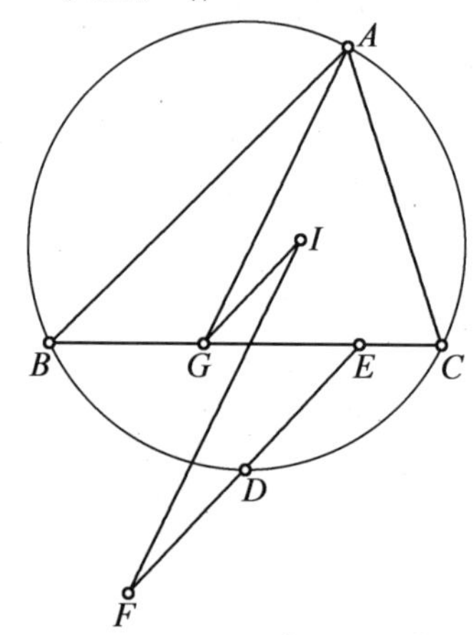

图1

思路分析 如图2,设旁心为 I',首先由鸡爪定理得到直线 AI' 上各点关系,然后分析比例,需证明的也是线段间关系,

就可以消去圆,变为直线形,结果应该不难得到.

证明　如图 2,设旁心为 I',由鸡爪定理得

$$DI = DI'$$

则

$$EI' /\!/ IF /\!/ AG$$

且

$$DI^2 = DH \cdot DA$$

$$IG /\!/ EF \Leftrightarrow \frac{EH}{EG} = \frac{DH}{DI}$$

$$\Leftrightarrow \frac{I'H}{I'A} = \frac{DH}{DI} = \frac{I'H - DH}{I'A - DI} = \frac{I'D}{I'D + AI} = \frac{ID}{DA}$$

$$\Leftrightarrow DI^2 = DH \cdot DA$$

显然成立.

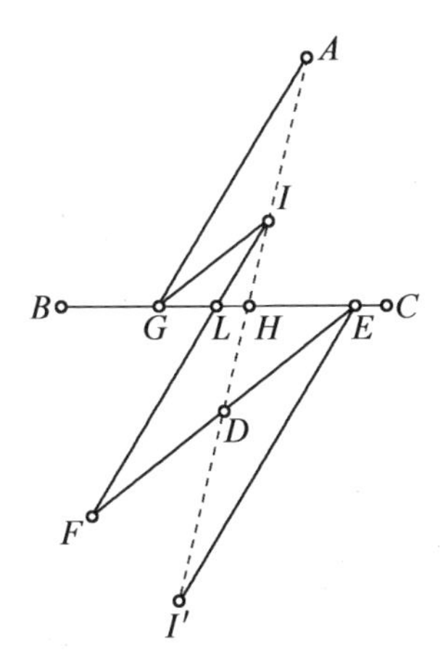

图 2

注　本题的基本思路就是将已知和求证的比例关系全部转化到 AI' 上,结果应该是自然而然的,本质上讲应该算是调和点列的性质.

2.(2013 年 IMO 中国国家集训队选拔考试第 2 题)如图 3,PQ 为$\triangle ABC$ 外接圆弧 BC 的中点且点 P,A 位于 BC 同侧,I 为$\triangle ABC$ 的内心,PI 交 BC 于点 D,点 E 在 PD 上且 $DE=DQ$,PA 交$\triangle AID$ 外接圆于点 F,R,r 为$\triangle ABC$ 外接圆及内切圆的半径,求证:若 $\angle AEF=\angle APE$,则 $\sin^2\angle BAC=\frac{2r}{R}$.

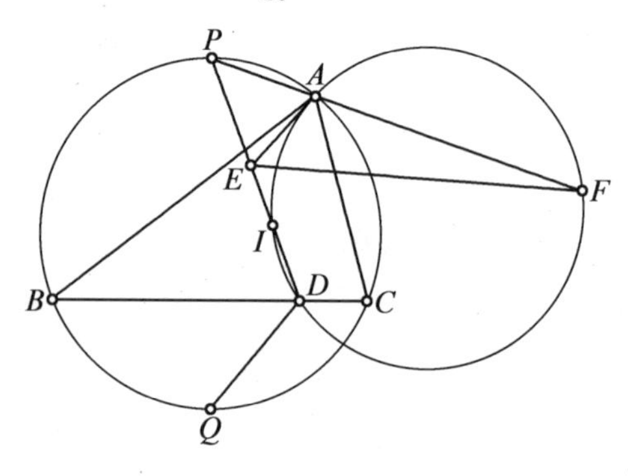

图 3

思路分析　题目看起来来者不善,因为已知和求证都比较陌生,且看起来相距甚远.只能先分析图形基本性质,显然 PQ 为直径,$\angle PBQ=90°$,求证结果看着有点复杂,先简化看看其庐山真面目,$\angle BAC=\angle BON$,则

$$\sin^2\angle BAC=\frac{2r}{R}\Leftrightarrow\left(\frac{BN}{R}\right)^2=\frac{2r}{R}$$
$$\Leftrightarrow BN^2=2rR\Leftrightarrow QN\cdot PN=2rR$$
$$\Leftrightarrow QN\cdot PN=MN\cdot PQ$$

如图 4,作 $IM\perp QP$,即 $PMQN$ 之间存在一个恒等式,事实上有这个条件就能作出精确的图形了.

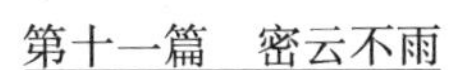

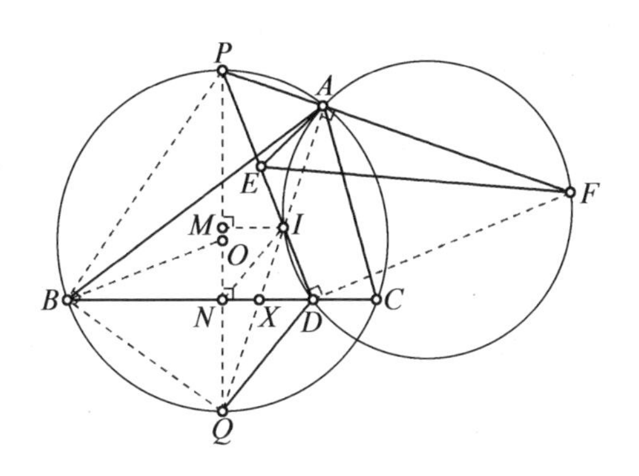

图 4

下面由已知分析图形性质，显然 A,I,Q 三点共线且 $\angle PAQ=90°$，故 $\angle PDF=90°$，这样就能把 AID 外接圆删掉，而 $\angle AEF=\angle APE \Leftrightarrow FE^2=FA\cdot FP$，至此卡壳了，似乎没法再往下走了. 还是先简化图形，两个圆都可以删除，BC 也能去掉，从而将原题转化为下题.

如图 5，$IM\perp QP$，$DN\perp QP$，$DF\perp DP$，$QA\perp FP$，$DE=DQ$，$\angle AEF=\angle APE$，$QI^2=QA\cdot QX$（这个鸡爪定理的条件不能忽略！），求证：$QN\cdot PN=MN\cdot PQ$.

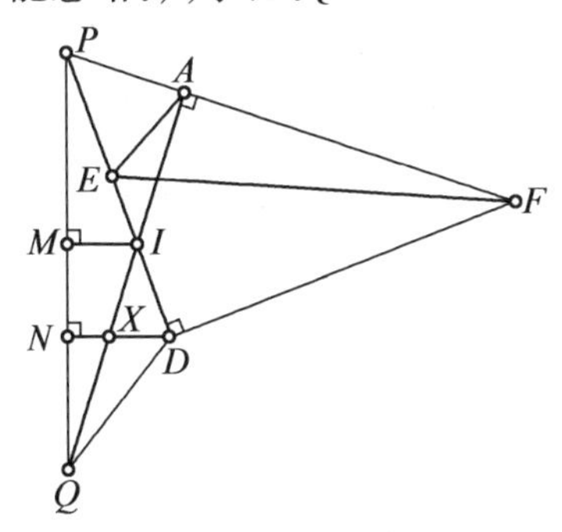

图 5

这个方向应该是正确的，因为图形简化为直线形，应该不会太难了.

下面还是继续分析简化图形，发现把 FA 转化为 $FP-PA$ 以后就出现了转机.

$$\begin{aligned}\angle AEF=\angle APE\Leftrightarrow FE^2&=FA\cdot FP=FP^2-PA\cdot PF\\&=FP^2-PI\cdot PD\\\Leftrightarrow FD^2+ED^2&=FP^2-PI\cdot PD\\\Leftrightarrow ED^2&=DP^2-PI\cdot PD=DI\cdot DP\\\Leftrightarrow QD^2&=DI\cdot DP\end{aligned}$$

另外 $QI^2=QA\cdot QX\Leftrightarrow QI^2=QN\cdot QP$，这样就能把 PF 及 E 也消去，变为在图 6 中，继续推证

$$QD^2=DI\cdot DP\Leftrightarrow\triangle QID\backsim\triangle PQD\Leftrightarrow\angle DQI=\angle P$$

$$QI^2=QN\cdot QP\Leftrightarrow\triangle QIN\backsim\triangle QPI\Leftrightarrow\angle QIN=\angle P$$

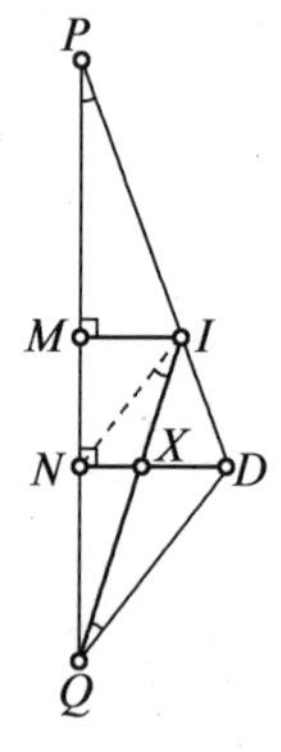

图 6

则

$$\angle DQI=\angle QIN,IN/\!/DQ$$

则

$$\frac{PN}{MN}=\frac{PD}{ID}=\frac{PQ}{QN}$$

即

$$QN \cdot PN = MN \cdot PQ$$

从而结果成立.

下面只要按综合法的顺序写出证明即可,此处略去.

注 (1)本题作为集训队选拔考试的第2题,难度中上,难点在于已知和求证之间看起来"风马牛不相及",构型也略有些陌生.上述过程是本人思维的客观记录,供读者参考.解决问题的关键在于逐步消点,分析和转化已知和求证,努力简化图形,保持核心性质的同时消去几何元素,抽丝剥茧、逐层深入,最终水落石出、探骊得珠.

(2)参考答案的解法和上述解法大同小异,是过I作BC的垂线转化证明的,两种解法基本一致,略有出入,有兴趣的读者可以对照.

(3)通过上述分析证明显然此命题逆命题也是成立的,而且此图形可以按如下方法严格尺规作出,对于圆O上B,C两点,直径$PQ \perp BC$于点N,在PQ上作出点M使得$QN \cdot PN = MN \cdot PQ$,过点$M$作$BC$平行线交以$P$为圆心、$PB$为半径的圆于$I$,延长$QI$交圆于点$A$,则$ABC$即为满足条件的三角形.此图形里面应该还有不少有趣的性质值得探讨.

3.(2014年越南数学奥林匹克)如图7,I为$\triangle ABC$外接圆O中与点A位于异侧的弧BC的中点,点K在AC上,且$IK = IC$,BK交圆O,AI于D,E两点,DI交AC于点F.求证:(1)$2EF = BC$.(2)在线段DI上,取点M使得$CM /\!/ AD$,KM交BC于点N,$\triangle BKN$的外接圆交圆O于点P,则PK平分AD.

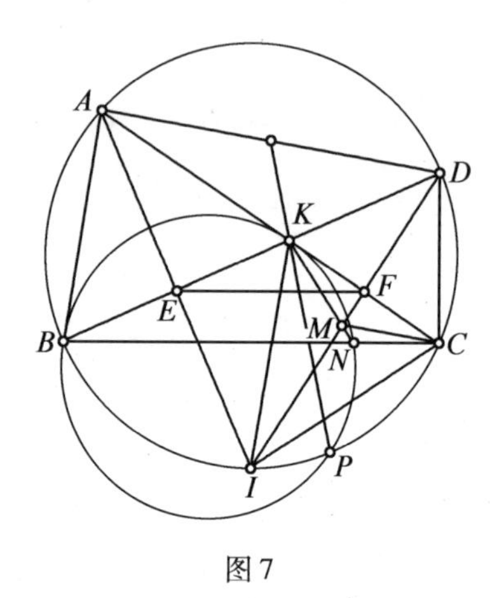

图 7

思路分析 由已知即知此题为鸡爪定理构型，只需由条件顺势后推即可，发现 AC 为圆 BKN 的切线，进一步得到 $\angle IPK=90°$ 即可.

证明 (1)由 $IK=IB=IC$ 及 $\angle IAB=\angle IAC$ 得 AI，ID 为 BK，CK 的中垂线，则 E，F 为 BK，CK 的中点，则

$$2EF=BC$$

(2)如图 8，由 $CM /\!/ AD$ 及对称性得

$$\angle MKC=\angle MCK=\angle DAC=\angle DBC$$

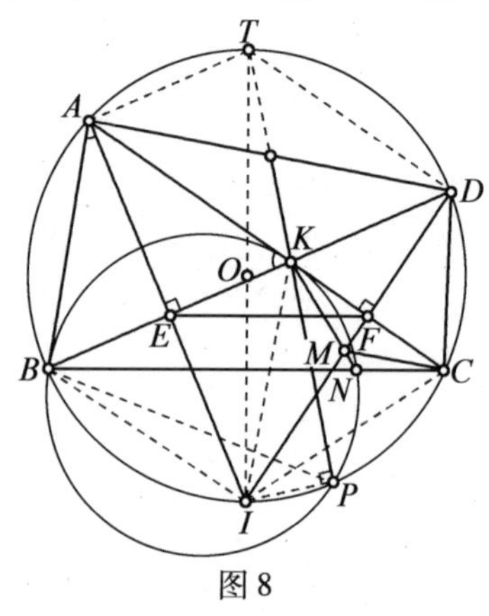

图 8

则 CK 为圆 BKN 的切线,有

$$\angle AKB=\angle BPK,\angle BPI=\angle BAI=\angle KAE$$

$$\angle IPT=\angle AKB+\angle KAE=90^\circ$$

故设 PK 交圆 O 于点 T,则 IT 为圆 O 直径,故 $TA\perp AI$,即 $TA/\!/DK$,同理 $TD/\!/AK$,故 $TAKD$ 为平行四边形,即 PK 平分 AD.

4. (2017.8.4,"我们爱几何"公众号,作者:下界小妖黑熊)如图9,I 为 $\triangle ABC$ 的内心,I 关于 BC 的对称点为 K,AI 交 $\triangle ABC$ 外接圆于点 M,KM 交 $\triangle ABC$ 外接圆于点 M,L. 求证:$IA=IL$.

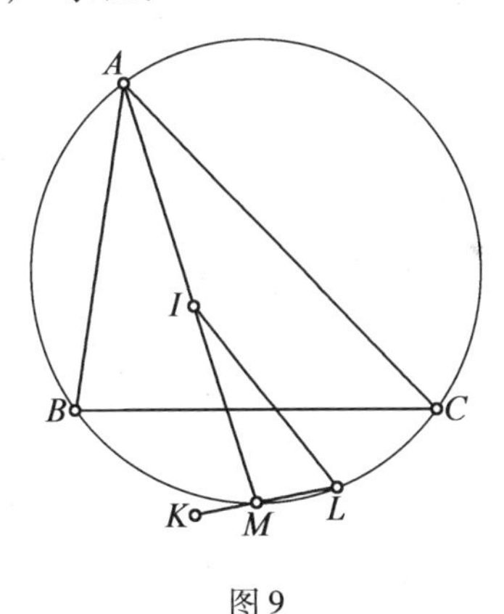

图9

思路分析　图形简洁优美,关键在于对称如何使用,延长 KL 与 BC 相交,转化为经典模型,由四点共圆及鸡爪定理即得.

证明　如图10,延长 KL 与 BC 交于点 F,由点 I,K 关于 BC 对称得

$$\angle IFG=\angle MFG$$

由鸡爪定理知

$$MI^2 = MG \cdot MA = ML \cdot MF$$

则 A,G,L,F 四点共圆,故

$$\angle IAL = \angle MFG$$

由 $\triangle MIL \backsim \triangle MFI$ 得

$$2\angle IAL = 2\angle MFG = \angle MIF = \angle IAL + \angle ILA$$

故 $\angle IAL = \angle ILA$,即 $IA = IL$.

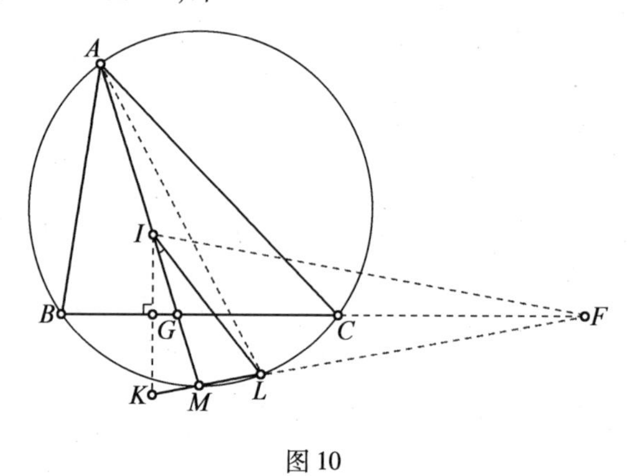

图 10

注 顾冬华老师指出本题也可以考虑用欧拉 - 察柏尔公式证明,有兴趣的读者可以探讨.

龙战于野

第十二篇

最近更新速度不快，一个原因是工作比较忙，还有一个原因是我比较死脑筋，题目在自己没有独立做出来以前不愿意看答案，所以效率有些低. 不过还是希望能提高文章的质量，选取更典型的问题，并努力把问题的解决过程和来龙去脉说清楚. 这篇文章准备讲解第二期征解问题及类似的问题.

1. （“金磊讲几何构型”公众号第二期征解问题）如图 1，$\triangle ABC$ 的内心为 I，AI 交 BC 于点 K，M，N 为 AB，AC 的中点，点 E，F 在 AC，AB 上，且 $BE /\!/ IN$，$CF /\!/ IM$，$AJ \perp BC$ 于点 J，JI，AK 交 EF 于点 L，T. 求证：L，T，J，K 四点共圆.

我编这个题的本意是帮助读者理解和巩固前面的文章内容，因为如果你看透此题本质，它其实是第五篇第 5 题和第六篇第 2 题的结合. 我当时想到了两种证明方法，简述如下：

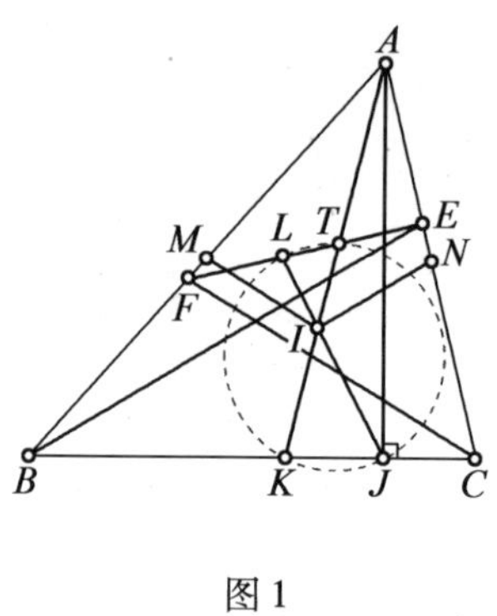

图 1

证法 1 如图 2,添加辅助线,由第五篇第 5 题的证明有

$$\angle IJK = \angle IZD = \angle IAO = \angle IHD$$

由第六篇的第 2 题知

$$EF /\!/ PI, \angle IHD = \angle DIP = \angle KTF$$

即 $\angle IJK = \angle KTF$,故 L,T,J,K 四点共圆.

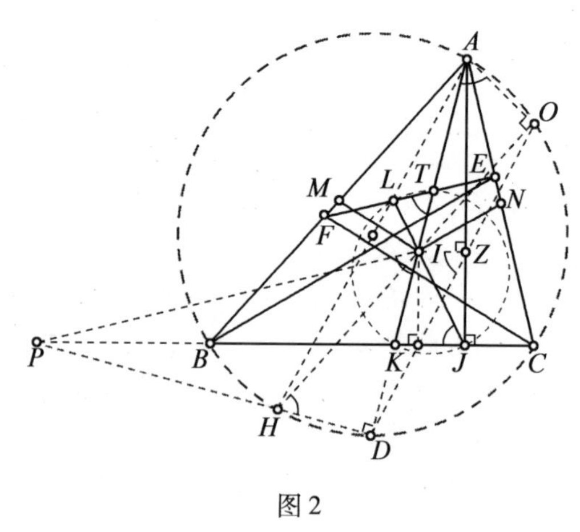

图 2

思路2　直接计算.

证法2　如图3,作 $IO\perp BC$ 于 O,类似第六篇第2题中的假设及证明,利用熟知结论 $r=4R\sin x\sin y\cdot\sin z$,得

$$\begin{aligned}\tan\angle IJO&=\frac{r}{OJ}=\frac{r}{a+b-c-2b\cos 2z}\\&=\frac{r}{R(\sin(2y+2z)+\sin 2y-\sin 2z-2\sin 2y\cos 2z)}\\&=\frac{4\sin x\sin y\sin z}{2\sin(z-y)\cos(y-z)+2\sin(y-z)\cos(y+z)}\\&=\frac{\sin x}{\sin(z-y)}\end{aligned}$$

由第六篇第2题得

$$\tan\angle LTK=\frac{\sin x}{\sin(z-y)}$$

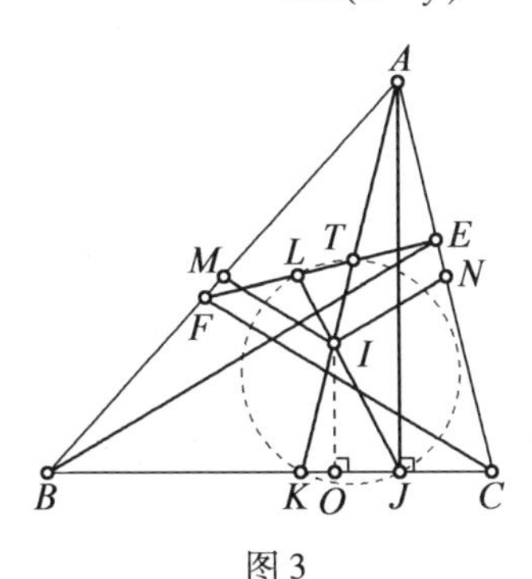

图3

则 $\angle LTK=\angle IJO$,故 L,T,J,K 四点共圆.

北京十一学校的崔云彤同学也给出了一份解答,他利用几何性质将结果进行了转化,最后用了一点计算,但是写得有点乱,有些精妙的想法,但是过程不太清晰. 没有详细的过程,奇思妙想也成了镜中花水中月,希望学生读者们要特别注意解答要写得清晰明了,万万不能忽略书写的重要性.

2.(2007 年 IMO 秘鲁国家队选拔考试)如图 4,$\triangle ABC$ 的内心为 I,AI 交其外接圆于点 D,E,F 为 B,C 所对旁心在 AC,AB 上的垂足,点 P 在 BC 上且 $PD\perp AD$. 求证:$PI/\!/EF$.

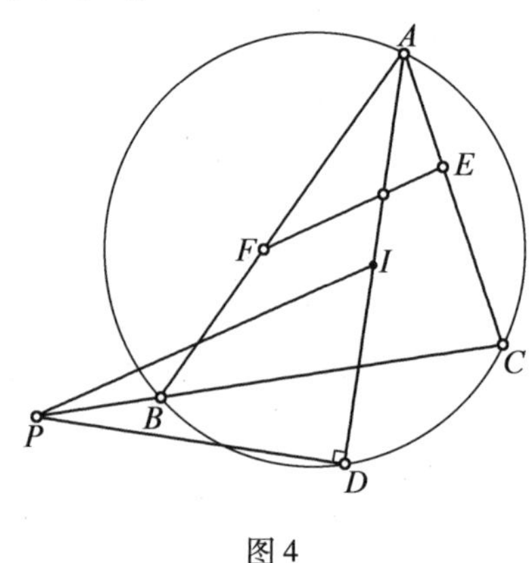

图 4

显然此题很可能是第六篇第 2 题来源,我当时提供了计算的方法,下面再介绍三种纯几何方法.

证法 1 如图 5,作 $BG/\!/EF$,$IL\perp BC$ 于点 L,由旁心性质知

$$BL=AF,CL=AE$$

由角平分线定理得

$$BN/NG=FO/OE=AF/AE=BL/LC$$

故

$$LN/\!/AC$$

则

$$\angle NLB=\angle ACB=\angle ADB$$

故 B,D,L,N 共圆. 又 I,P,D,L 共圆,则

$$\angle NBL = \angle NDL = \angle IPC$$

故 $BN /\!/ PI$,即 $PI /\!/ EF$.

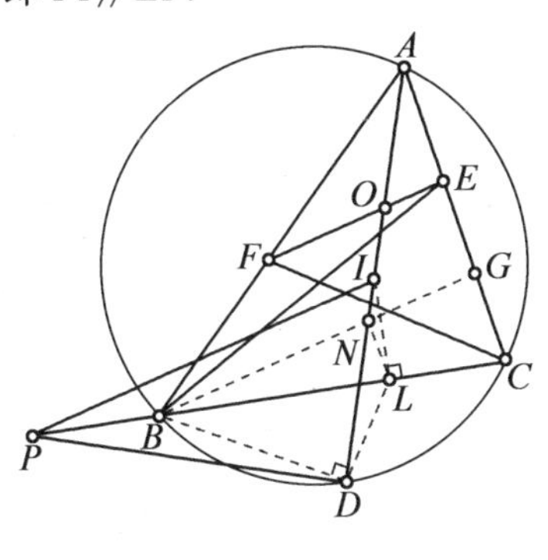

图 5

证法 2　(萧振纲老师的方法)如图 6,设 $IS \perp AB$, $IT \perp AC$, PD 交外接圆于 K,将 $\triangle AFE$ 平移到 $\triangle IQR$,由旁心性质知

$$BS = AF, CT = AE$$

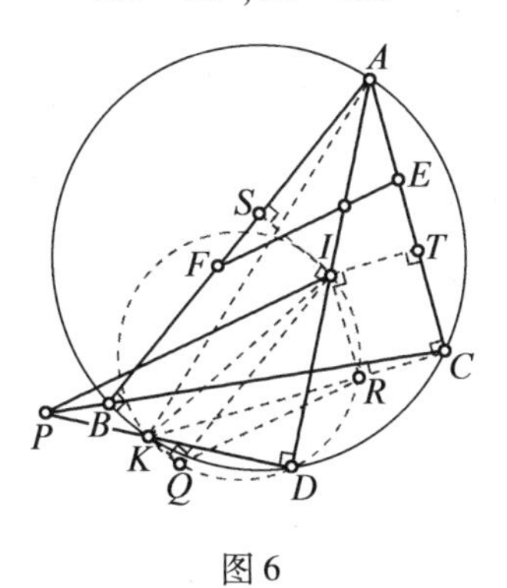

图 6

则 $ITCR$, $ISBQ$ 为矩形,则 Q,K,B 及 K,R,C 共线,故 I,

K,Q,D,R 在以 IK 为直径的圆上.

由鸡爪定理知

$$\angle IKD=\angle DIP$$

则

$$\begin{aligned}\angle IQR&=\angle IKR=\angle IKD-\angle DKR\\&=\angle DIP-\angle DAC\\&=\angle DIP-\angle QID=\angle PIQ\end{aligned}$$

故 $QR/\!/PI$,即 $PI/\!/EF$.

证法 3 (西安交大附中学生喻棣文的方法)如图7,用帕斯卡(Pascal)定理同第六篇第2题,设$\triangle ABC$角依次为$2x,2y,2z$,设$A'A$为直径,BI,CI交外接圆于点S,T,在圆内接六边形$A'DABCT$中,$A'D$交BC于点P,DA交CT于点I,AB交$A'T$于点X,由帕斯卡定理得X,I,P三点共线,同理Y,I,P三点共线,即P,X,I,Y四点共线.

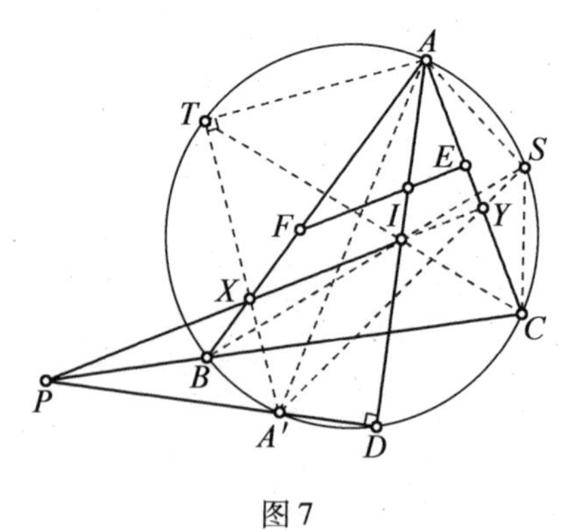

图7

由鸡爪定理得

$$\triangle ATX\backsim\triangle A'TA$$

则

$$\frac{AX}{A'A}=\frac{AT}{A'T}=\tan z$$

同理

$$\frac{AY}{A'A}=\tan y$$

两式相除得

$$\frac{AX}{AY}=\frac{\tan z}{\tan y}$$

由第六篇第 2 题得

$$\frac{AF}{AE}=\frac{\tan z}{\tan y}$$

故

$$\frac{AX}{AY}=\frac{AF}{AE}$$

即 $EF /\!/ XY, EF /\!/ PI$.

注　(1)上述三种几何方法都非常精妙,证法 1 是叶中豪老师的,通过平移及比例得到两组四点共圆,解决问题.这种平移辅助线也不是无源之水,是非常经典和常见的妙法,最早出现于梁绍鸿《初等数学复习及研究(平面几何)》书中的例题,以后我会专门开辟一讲展示相关问题.

(2)证法 2 是萧振纲老师的,萧老师也是国内几何名宿,功力深厚,以几何变换闻名遐迩,萧老师的讲座中也经常提及鸡爪定理,并讲解不少例题展示其妙用,第二篇第 7 题即是我从萧老师的课中听到的,他就是用鸡爪定理证明的.证法 2 中也巧妙地利用了平移变换和鸡爪定理.此题及证法见于萧老师的代表著作《几何变换和几何证题》,此书卷帙浩繁、规模恢宏,但是字字珠玑、篇篇锦绣,是国内几何著作中的翘楚,我一般都会推荐此书给学生及几何爱好者仔细研读.

(3)证法3是我的学生喻棣文的,他慧心独具,观察到P,X,I,Y共线,精妙地使用了两次帕斯卡定理,再利用鸡爪定理完美地解决了问题,令人赞叹.

3.(2013年第54届IMO第3题)如图8,$\triangle ABC$中A,B,C所对的旁心在BC,CA,AB上的射影为A',B',C',若$\triangle A'B'C'$的外心在$\triangle ABC$的外接圆上.求证:$\triangle ABC$为直角三角形.

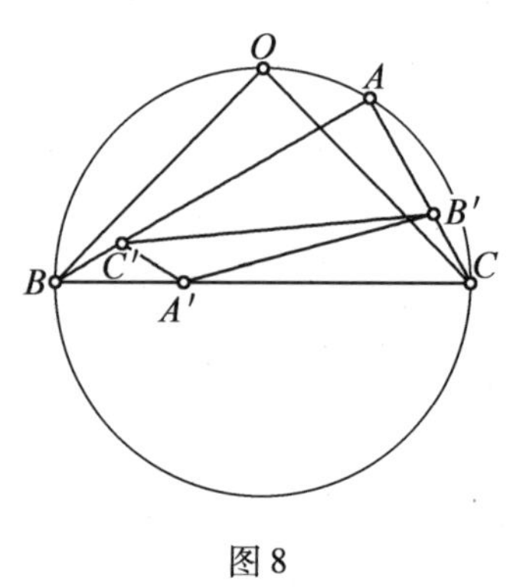

图8

思路1 本题是一个难题,条件比较新颖,结论也不容易证明.

首先看已知,$A'B'C'$位置不好描述,通过内心、旁心的基本性质知,若内心I在三边射影为P,Q,R,则$AP=BC'=AR=CB',BA'=CQ=CR$,如图9,这样能把三个旁心消去.

其次看外心O在圆上如何利用,不妨设$\angle A$为最大角,猜测O为弧BC的中点,感觉条件不好用,可以考虑类似方法,设弧BC的中点为O,则$\triangle OBC'\cong\triangle OCB'$(前面我在$BC'=B'C$上因为构型不熟浪费了

大量的时间).

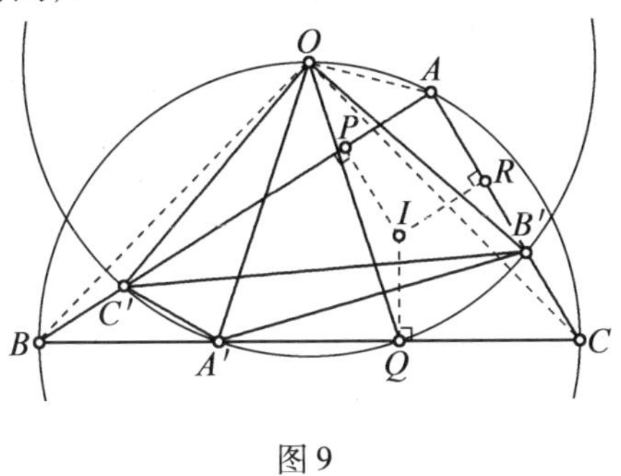

图 9

最后是最难的地方:如何利用 $OA' = OB' = OQ$?暂时没有思路,只能先简化图形,显然 $CQ = CR = AB'$,故可以除去 A', C', R 三点,得到图 10.

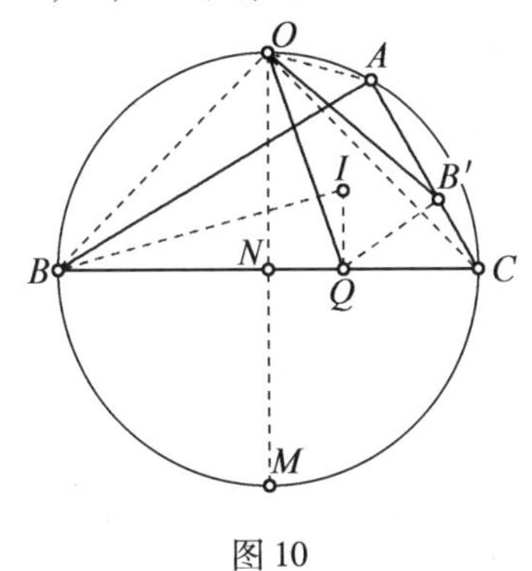

图 10

题目转化为:若 $OB' = OQ, CQ = AB'$,求证 $\angle BAC = 90°$.

还是先找基本性质,则

$$\angle OAC = 180° - \angle OBC = 180° - \angle OCB$$

这样在 $\triangle OQC, \triangle QAB'$中,由正弦定理得

$$\frac{CQ}{\sin\angle COQ}=\frac{OQ}{\sin\angle OCQ}=\frac{OB'}{\sin\angle OAB'}=\frac{AB'}{\sin\angle AOB'}$$

故 $\sin\angle COQ=\sin\angle AOB'$，此两角为锐角，故 $\angle COQ=\angle AOB'$；则 $\angle B'OQ=\angle AOC=\angle ABC$；得到这个结论应该是有用的，下面我也不知道该怎么走了. 那就分析目标，如何证明直角呢？用边或者角，角应该简单一些，所以首选角度. 迷茫了一段时间，我突然想到可以考虑退回到上一个图形，利用对称性可得到 $\angle C'OQ=\angle ACB$，故 $\angle ACB+\angle ABC=\angle C'OB'=\angle BAC$，即 $\angle BAC=90°$；详细书写略去.

思路2 如图 11，由思路 1 得到线段相等及 O 为弧 BC 的中点. 下面类似鸡爪构型作出弧 AC，AB 的中点 X，Y，得到

$$\triangle XAC'\cong\triangle XCA'(\text{SAS}),XA'=XC'$$

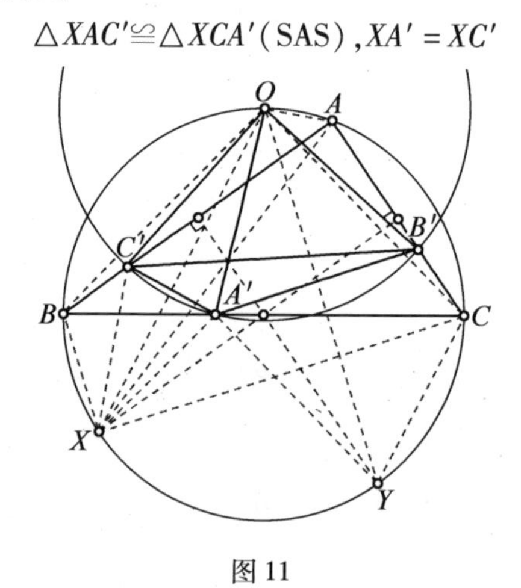

图 11

则 XO，YO 为 $C'A'$，$A'B'$的中垂线，则

$$\angle C'OB'=2\angle XOY=180°-\angle BAC$$

类似思路 1 即得

$$\angle ACB + \angle ABC = \angle C'OB' = \angle BAC$$

即 $\angle BAC = 90°$. 详细过程略去.

注　本题是当年 IMO 的压轴题,满分 7 分,平均分 0.784 分,第一个解答是本人独立得到的,上述过程详细记录了本人探索答案的艰辛历程,希望能对读者有所帮助. 当然,本证明还能再简化一点,不引入点 Q 也可以. 第二个解答是官方公布的答案. 本人未找到其他解答.

第十三篇

1.（“金磊讲几何构型”公众号第三期征解问题）如图1，$\triangle ABC$ 的内心为 I，AI，BI 交其外接圆于 K，L，R 在 AB 上，$RP /\!/ AK$，$RQ /\!/ BL$，PB 交 QA 于 Z，且 I，A，Z，B 共圆. 求证：QL，PK 的交点在 $\triangle ABC$ 的外接圆上.

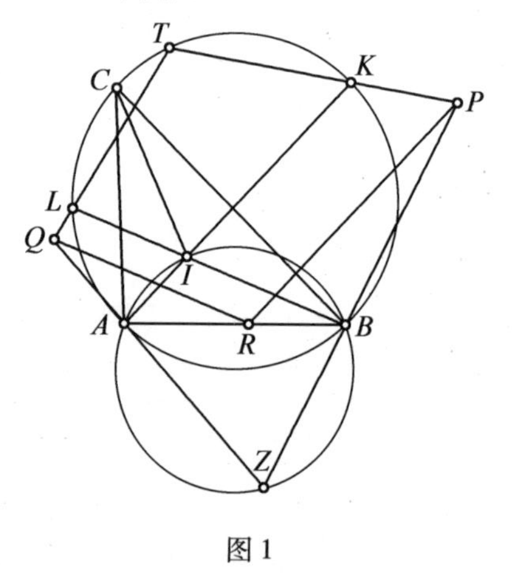

图1

思路分析 此题显然是第六篇第3题的推广，证明思路考虑类似. 但是区别也是很明显的，因为没有那里的鸡爪定理

了,也就不能如法炮制. 只能进一步挖掘性质,发现 $QART$ 共圆依然存在,证明也很简单,感觉应该就差不多了. 不过似乎不能由对称性直接得到 $RBPT$ 共圆. 最后进一步发现能用同一法给出证明.

证明　如图 2,设 QL 交 $\triangle ABC$ 的外接圆于 T,TK 交 ZB 于 P',则

$$\angle QRA = \angle LBA = \angle LTA$$

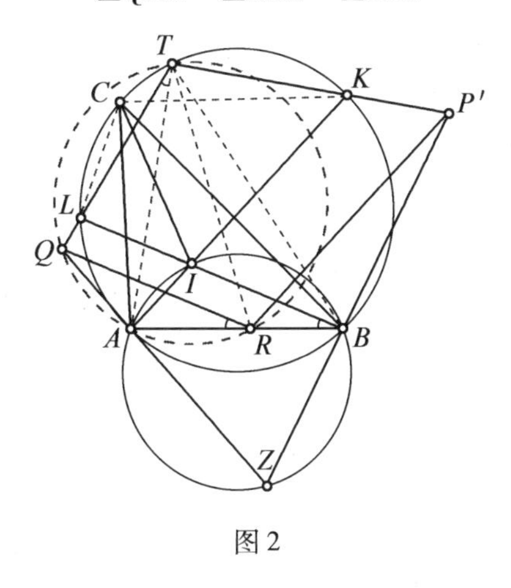

图 2

故 Q,A,R,T 共圆.

由鸡爪定理得

$$\angle LIK = \angle LCK$$

则

$$\angle LTK = \angle LCK = \angle LIK = \angle AIB = 180^\circ - \angle Z$$

故 T,Q,Z,P' 四点共圆,故

$$\angle TRB = \angle TQA = 180^\circ - \angle TP'B$$

则 T,R,B,P' 四点共圆,则

$$\angle TKA = \angle TBA = \angle TP'R$$

故 $AK /\!/ RP'$,则 P 与 P' 两点重合,即 QL,PK 交点在 $\triangle ABC$ 的外接圆上.

注 本题难度不是太大,但似乎也不是很简单,因为我让学生做的时候学生能轻松解决上面那个第六篇第 3 题,却对本问题一时无法下手. 其他各期征解问题都有学生作答,但是这一期问题似乎没有学生回应. 可能的原因一是图形略微有些复杂,二是有个小陷阱,注意一定不能证明完 Q,A,R,T 四点共圆以后由对称性说明 B,P,T,R 四点共圆,因为由对称性只能得到 PK 与圆的交点 S 则 S,R,B,P 四点共圆. 无法说明 S,T 两点重合.

2. (2016 年中国西部数学邀请赛第 7 题) 如图 3,圆内接四边形 $ABCD$ 中,$\angle BAC = \angle DAC$,圆 J、圆 K 为 $\triangle ABC$,$\triangle ADC$ 的内切圆. 求证:圆 J、圆 K 的一条外公切线平行于 BD.

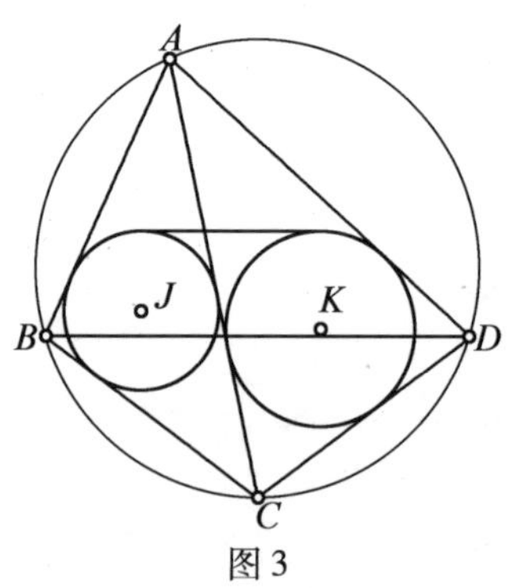

图 3

思路 1 结果不好倒推,只能分析图形的几何性质,经过艰辛的探索,发现公切线与 AC 的交点 Z 为 $\triangle ABD$ 的内心,这是因为由 ZJ,ZK 为角平分线知 $ZJ \perp ZK$,由第二篇第 1 题结论知四个内心构成矩形,则 Z

为$\triangle ABD$的内心,如图4. 欲证公切线平行BD,只需$JZ /\!/ MN$(M,N,L为$\triangle BQC$,$\triangle AQD$,$\triangle BCD$的内心),即证$MQ \perp JL$,从而图形大大简化为图5.

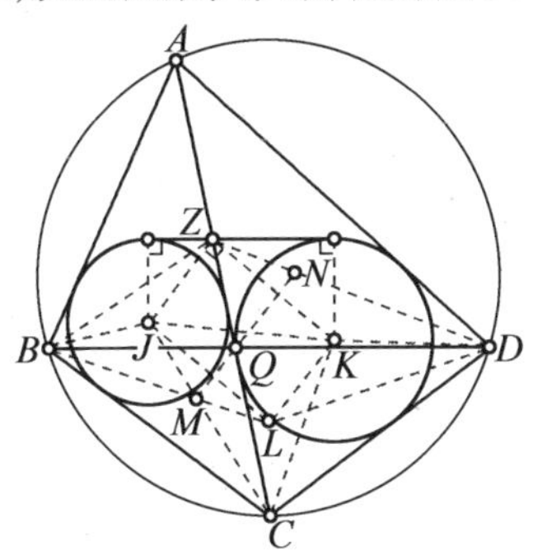

图4

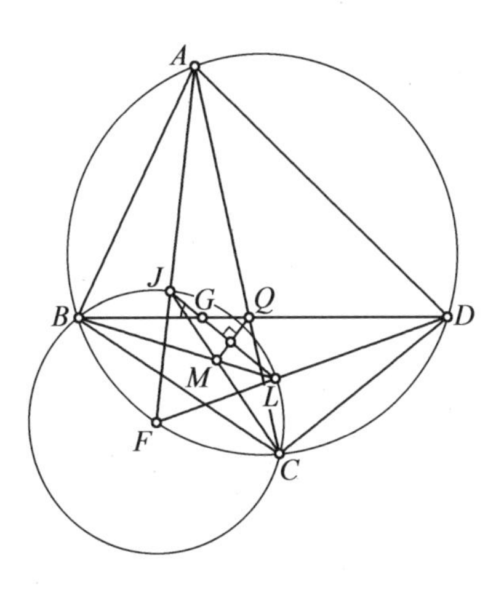

图5

这就很显然了,因为由鸡爪定理知B,J,L,C共圆,则$\angle JGB = \angle GLB + \angle GBM = \angle JCB + \angle GBM = 90° - \angle BQM$,则$QM \perp JL$. 这就完成了证明.

思路2 同思路1:发现公切线与 AC 的交点为 $\triangle ABD$ 的内心. 下面利用圆外切四边形对边和相等及鸡爪定理.

证法2 如图6,设 I 为 $\triangle ABD$ 的内心,过 I 作 $\triangle ABC$ 内切圆切线交 AB 于 E,由圆外切四边形对边和相等得

$$BE+CI=BC+EI$$

由鸡爪定理得

$$CB=CI$$

则 $EB=EI$,则

$$\angle AEI=2\angle ABI=\angle ABD$$

故 $IE/\!/BD$.

同理过 I 作 $\triangle ACD$ 的内切圆切线也与 BD 平行,故 EI 为两圆公切线,即圆 J、圆 K 的一条外公切线平行于 BD.

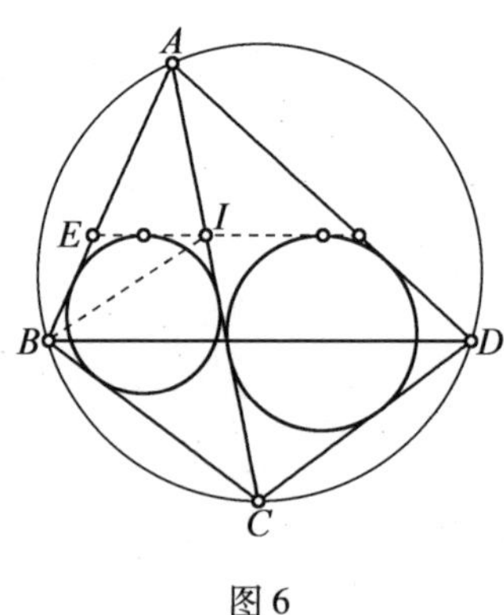

图6

注 (1)本题是中国西部数学邀请赛第二天第3题,上述解法一是本人思考得到的,解法二是官方给的参考答案. 本题难度较高,虽然想明白或者看了参考答

案以后似乎挺简单,但是"纸上得来终觉浅,绝知此事要躬行". 通过我自己亲自做的过程来看这个题绝不简单,因为一个图形还是略复杂,再一个也不好入手,发现内心不容易,即使发现以后,也并不容易往下发展.

(2)其实我最开始的证明思路是三角计算,最终确实得到了答案,但是略微有些复杂,有兴趣的读者可以自行尝试. 计算证明以后我继续思考,才得到上述几何证法1. 证明完以后对照答案发现官方解答确实精妙绝伦,让人拍案叫绝,但是这个解答应该不是容易想到的.

3. 如图7,$ABCD$ 共圆,AC 交 BD 于 E,H,I,J,K 分别为 $\triangle DAB$, $\triangle CAB$, $\triangle DAE$, $\triangle CBE$ 的内心. 求证: $KJ /\!/ HI$.

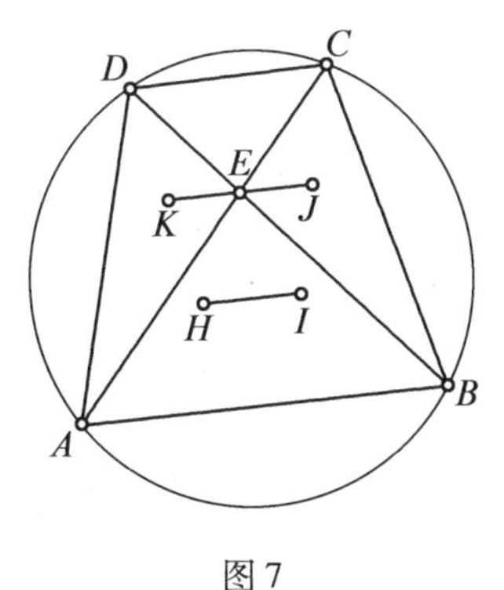

图7

分析证明　图形看起来很面熟,估计要用鸡爪定理.

如图8,取弧 AB 的中点 L,则 L,H,K,D;L,I,J,C;K,E,J 分别共线.

由鸡爪定理得

$$LH = LI$$

下面由结果分析，欲证 $KJ \parallel HI$，即证 $LK = LJ$，$\angle DKJ = \angle CJK$.

由内心的角度性质知

$$\angle DKJ = 90^\circ + \frac{1}{2}\angle DAC = 90^\circ + \frac{1}{2}\angle DBC = \angle CJK$$

从而结论成立.

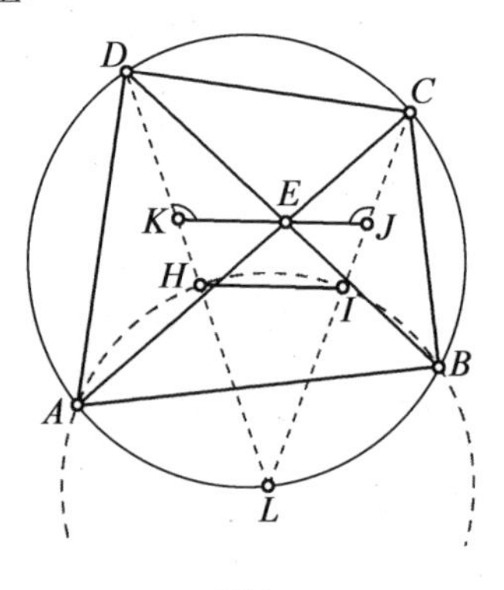

图 8

4. 如图 9，A, B, C, D 共圆，H, I 分别为 $\triangle DAB$，$\triangle CAB$ 的内心，过 H 作 BD 的垂线与过 I 作 AC 的垂线交于点 L. 求证：$\triangle HIL$ 为等腰三角形.

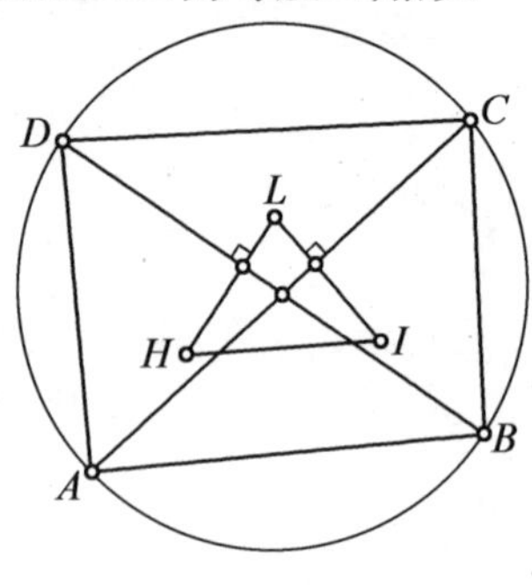

图 9

分析证明　显然还是要用鸡爪定理,如图 10 所示,设 M 为弧 AB 的中点,则 $MI=MH$;下面继续由结果分析,欲证等腰,即证

$$LH=LI,\angle LHI=\angle LIH,\angle HKD=\angle INC$$

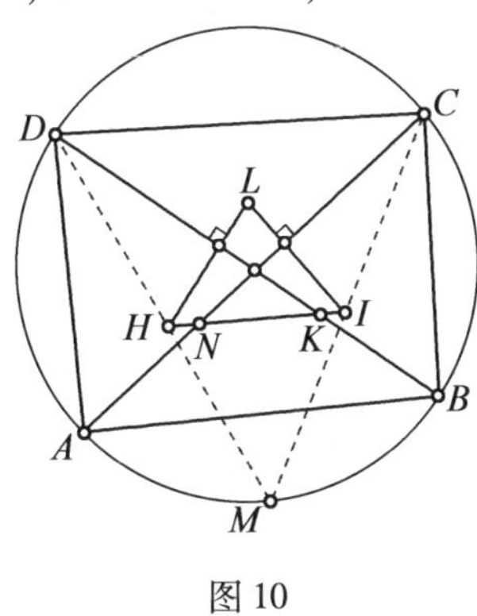

图 10

这样就消去了点 L,应该差不多了. 相当于在图 11 中,需要证

$$\angle HKD=\angle INC$$

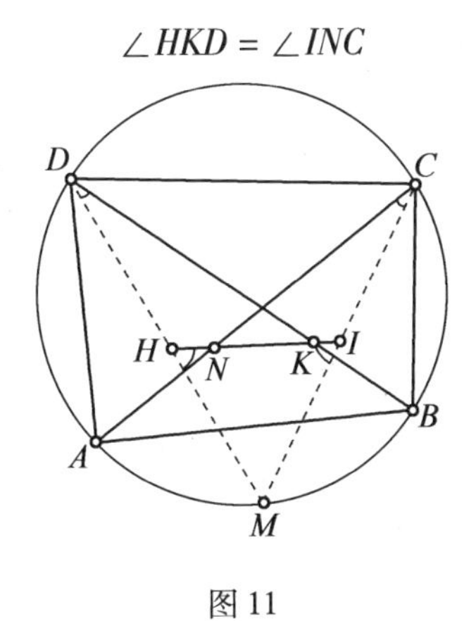

图 11

即

$$\angle MHI-\angle MDB=\angle MIH-\angle MCA$$

显然两个角都对应相等,从而结论成立.

5. 如图 12,A,B,C,D 共圆,K 在 BD 上,且$\angle AKB=\angle ADC$,I',I 分别为$\triangle KAB$,$\triangle CAD$ 的内心,II'交 BD 于点 X. 求证:A,X,I,D 四点共圆.

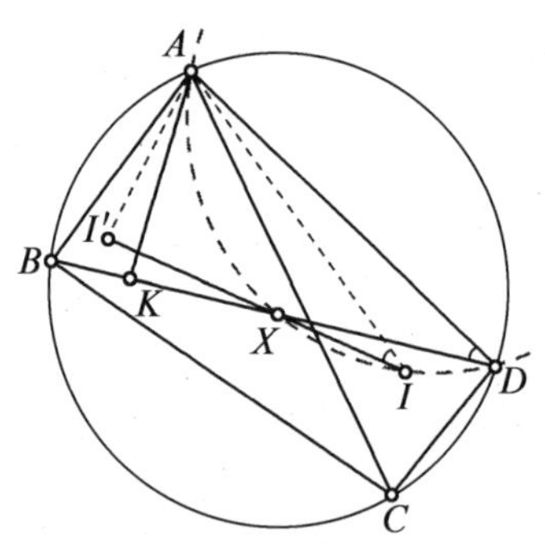

图 12

分析证明 依题意$\triangle ABK\backsim\triangle ACD$,$I,I'$为对应点,则$\dfrac{AI'}{AI}=\dfrac{AK}{AD}$,且$\angle I'AI=\angle KAD$,则$\triangle AI'I\backsim\triangle AKD$,$\angle AII'=\angle ADK$,故 A,X,I,D 四点共圆.

注 后面这几个问题都是鸡爪定理相关问题的圆内接四边形中与内心有关的性质,基本联想到鸡爪定理就问题不大,相对来说比较简单.

飞龙在天

第十四篇

1.（“金磊讲几何构型”公众号第四期征解问题）如图 1，$\triangle ABC$ 内接于圆 O，D,E 关于 $\triangle ABC$ 等角共轭，过 D 的 OD 的垂线交 BC 于 K，过 A 的 DK 的平行线交圆 O 于 F，Q 在线段 AD 上，且 $\angle DQE=\angle DKB$. 求证：$KF=KQ$.

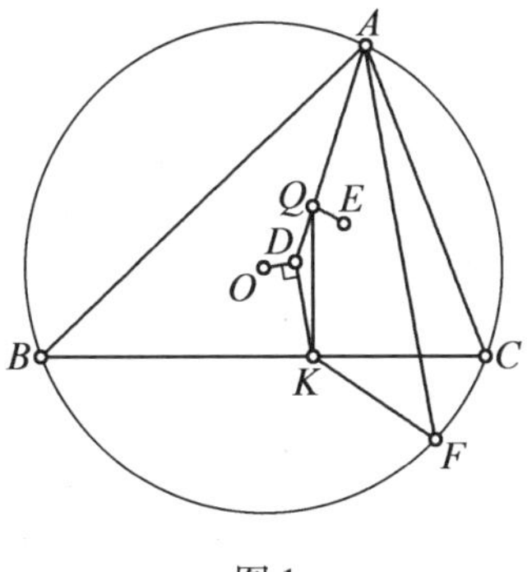

图 1

思路分析 显然本题是第八篇第 2 题的推广，还是希望照猫画虎. 如图 2，作出辅助线，设 AE 交圆于点 S，SF 交 CB 于点 T，只需证明 Q,D,K,F,T 五点共圆，而 D,K,F,T 四点共圆不难证明，Q 在此圆上却不好证明. 经过长期的探索分析,发现原因在于 D,E 等角共轭没有用上,等角共轭诱发我们联想到第七篇第 4 题中等角共轭的性质. 如图 3,延长 MK 交圆 O 于点 U,则 $\angle DKB=\angle AUE$,点 A,Q,E,U 四点共圆,易得点 U,K,F,T 四点共圆;又由第七篇第 4 题证明知 $\angle DKU=\angle AEU=\angle AQU$,故 U,Q,D,K 四点共圆,从而证明 Q,D,K,F,T,U 六点共圆.

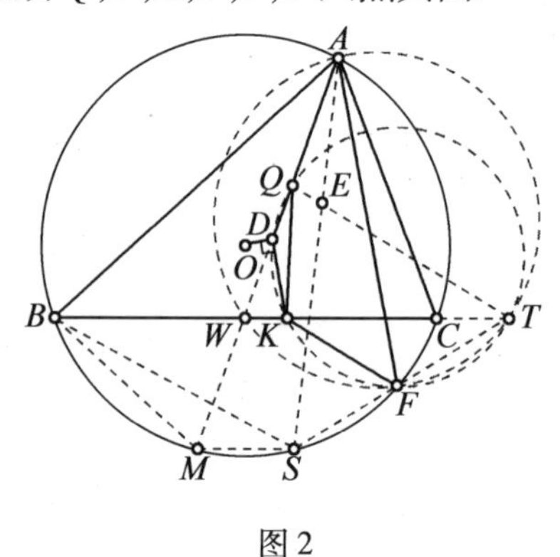

图 2

证明 如图 3,设 AE 交圆 O 于点 S,SF 交 CB 于点 T,AD 交圆 O,BC 于点 M,W,MK 交圆 O 于点 U,由第七篇第 4 题得

$$\angle DKB=\angle AUE,\angle DKU=\angle AEU$$

则

$$\angle DQE=\angle AUE$$

故 A,Q,E,U 四点共圆. 则

$$\angle DKU=\angle AEU=\angle AQU$$

故 U,Q,D,K 四点共圆.

由 $\angle BAD=\angle CAE$ 得 $MS/\!/BC$,则

$$\angle AWC=\angle BAM+\angle ABC=\angle SBC+\angle ABC$$

$$=\angle ABS=\angle AFT$$

故 A,W,F,T 四点共圆,则

$$\angle STK=\angle FAW=\angle AFD=\angle FDK=\angle FUK$$

故 U,D,K,F,T 五点共圆,则 Q,D,K,F,T,U 共圆,则

$$\angle DQE=\angle DKB=\angle DQT$$

故 Q,E,T 三点共线,则

$$\angle QTK=\angle MDK=\angle DAF=\angle KTF$$

故 $KF=KQ$.

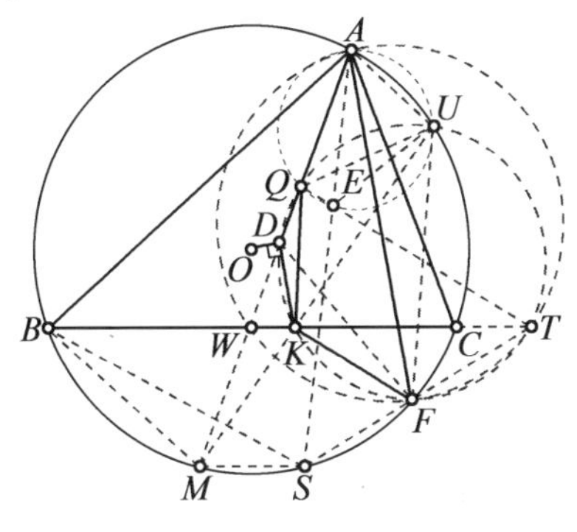

图 3

注　(1)本题显然是第八篇第 2 题的一般化推广,当时我写第八篇时没有推广出来,这是后来我进一步探究得到的.深圳陈学辉先生告诉我他也推广得到了这个结果.

(2)原来的题目难度就比较高,这个一般化的推广的难度应该比原题还要高很多,我觉得这个应该是迄今为止文章中最难的题目.对这个构型不熟悉的情况下很难入手.

上述解法的关键在于发现五点共圆,在证明五点共圆时又需要把第七篇第 4 题作为引理,进而转化为证明六点共圆. 最后通过引理及两个四点共圆解决本题. 本题只有浙江镇海中学严君啸同学告诉我他通过消点转化为等角共轭的经典模型解决了,他没有写出详细过程,不过思路应该与我的不同. 未收到其他解答.

(3)本模型是鸡爪定理的更一般推广,此思路很有启发性. 几乎前面鸡爪定理的所有性质都可以考虑往这方面推广.

2.(2017年伊朗数学奥林匹克第三轮)如图4,I为$\triangle ABC$的内心,XB,YC为$\triangle ABC$外接圆的切线,$XB=AB$,$YC=CA$,且X,Y两点位于BC同侧. 求证:$\angle YIX+\angle BAC=180°$.

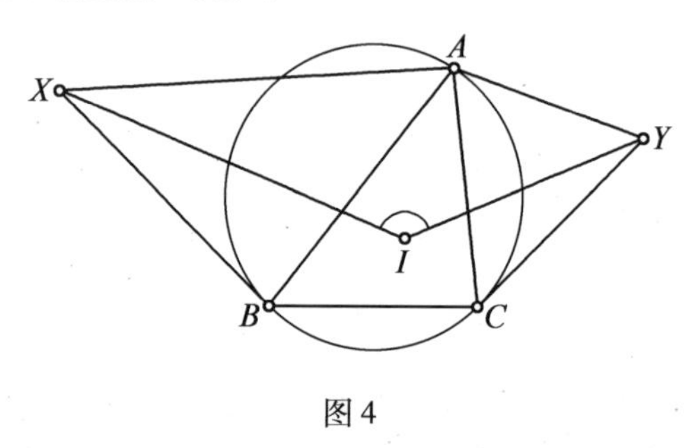

图4

思路分析 由内心性质得到A,I,B,X四点共圆即可证.

证明 如图5,设$\triangle ABC$的三个角为A,B,C,由切线得

$$\angle ABX=\angle C$$

由$BX=BA$得

$$\angle BXA=90°-(\angle C/2)$$

由I为内心得

$$\angle AIB = 90^\circ + (\angle C/2)$$

则 A,I,B,X 四点共圆,故

$$\angle AIX = \angle ABX = \angle C$$

同理

$$\angle AIY = \angle ACY = \angle B$$

故

$$\angle XIY = \angle B + \angle C = 180^\circ - \angle A$$

即原结论成立.

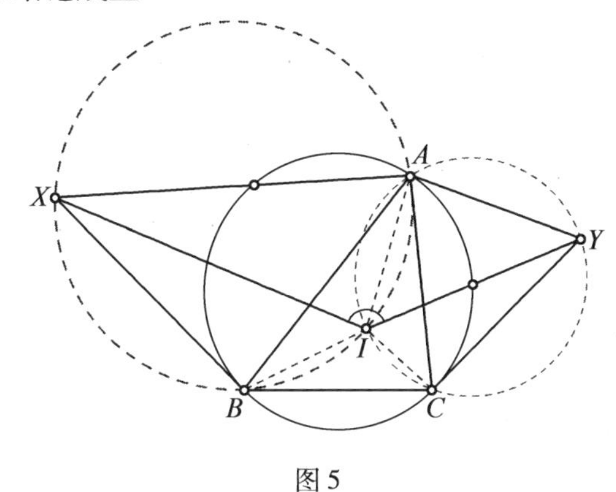

图 5

注　解决本题的突破口在于发现四点共圆,如果发现不了就要绕不少弯路. 虽然本题严格上说没有用到鸡爪定理,但是由内心得到的四点共圆其实就是 $\triangle ABI$ 外接圆.

3. (2017. 12. 30,"我们爱几何"公众号,作者:卢圣)如图 6,$\triangle ABC$ 中,$AB>AC$,MN 为与 BC 垂直的直径,I 为 $\triangle ABC$ 的内心,以 I 为圆心、IM 为半径的圆分别交 MN、圆 ABC 于 K,L 两点,H 为 $\triangle BCI$ 的垂心. 求证:K,H,L 三点共线.

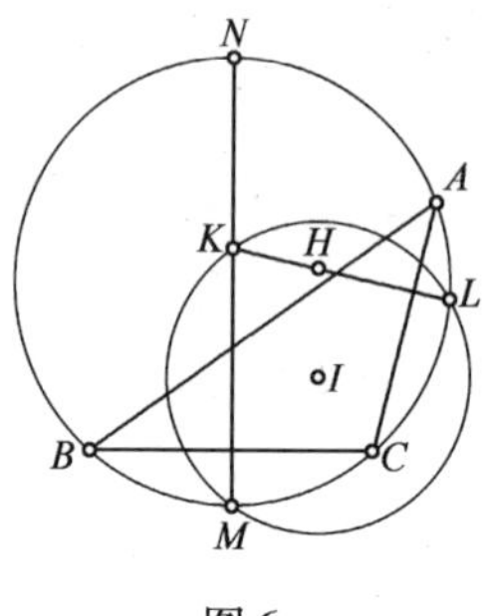

图 6

思路分析　本题首先要确定 H 的位置,感觉还是用 $IH=2MJ$ 且 $IH/\!/MJ$ 就行. 难点在于目标如何实现,证明三点共线不好入手,因为 K,L 也很难描述,K 在 MN 上,且 $IK=IM$,显然 $\angle HIK=\angle IKM=\angle IMK$.

L 呢? 不太好描述,也可以考虑描述 KL 的方向,即 $\angle MKL$,由 ML 为两圆公共弦,则 $\angle IOM=90°-\angle KML$,故 $\angle MOI=\angle IKL$. 这样就可以考虑用同一法证明共线,即 $\angle HKI=\angle LKI$,即证明 $\triangle IKH\backsim\triangle MOI$,有角相等了,需证边成比例,即 $HI/MI=IK/MO$,即 $MI^2=2MJ\cdot MO=MJ\cdot MN$,显然成立.

证明　如图 7,由垂心知 $IH=2MJ$,且 $\angle HIK=\angle IKM=\angle IMK$,由鸡爪定理得

$$MI^2=MJ\cdot MN=2MJ\cdot MO=IH\cdot MO$$

则

$$\triangle IKH\backsim\triangle MOI$$

故

$$\angle HKI=\angle IOM$$

由 ML 是圆 O 和圆 L 的公共弦,故

$$OI\perp ML$$

故

$$\angle IOM=90°-\angle KML=\angle IKL$$

故

$$\angle HKI = \angle LKI$$

故 K,H,L 三点共线.

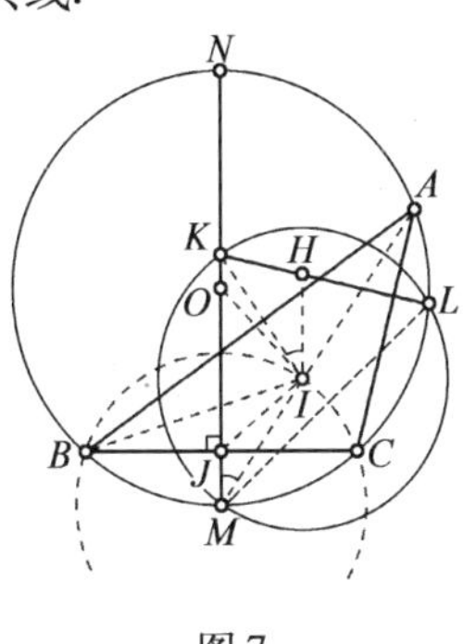

图7

注　本题图形不是很常见,必须要不停的充分利用已知条件挖掘图形的性质,并随时认准目标,调整证明方法. 其实还能得到 K,O,I,L,A 五点共圆,不过这个结论本题可以不用.

4. (2017. 11. 13,"我们爱几何"公众号,作者:万喜人)如图 8,I 为 $\triangle ABC$ 的内心,P 为 $\triangle BIC$ 外接圆上一点,AP 交 $\triangle ABC$ 外接圆于点 D,$PE /\!/ AB$ 且点 E 在 BC 上. 求证:$PE/PD = AP/AC$.

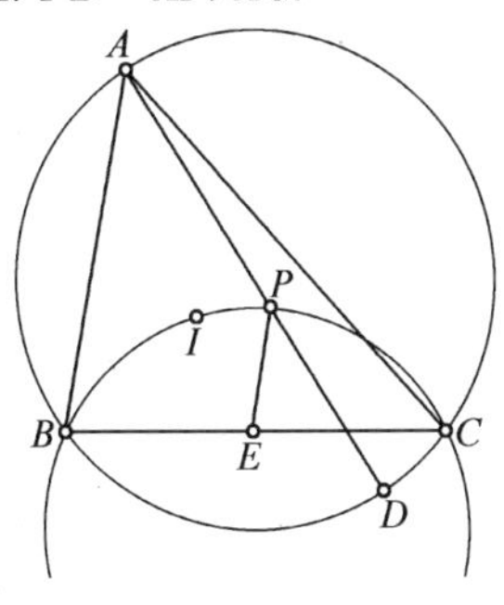

图8

思路分析　从结果分析,证明结果很像两个三角形相似则对应边成比例,先按这个思路往下走.

一个是$\triangle DEP$,如图 9,构造$AQ=AP$,若点Q在圆BIC上,则PQ关于AI对称且等角共轭.需证$\triangle DEP\backsim\triangle CQA$,应该倒角.已有$\angle CAQ=\angle BAP=\angle EPD$,还需$\angle ACQ=\angle PDE$,即$DE$与$CQ$交点$L$在圆$ABC$上,由$\angle BCQ=\angle ACP$,需证$\angle DEC=\angle DPC$,即$D,E,P,C$四点共圆,而由平行这是显然的.

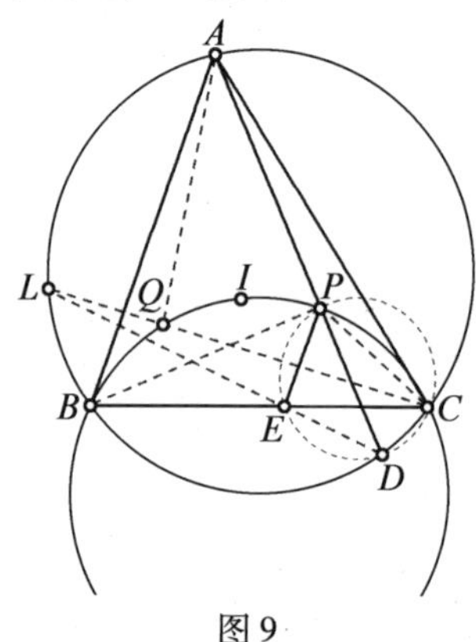

图 9

证明　作点P关于AI对称点Q,设DE与CQ交于点L,则Q在圆BIC上,且$AQ=AP$,又I为弧PIQ的中点,则

$$\angle BCQ=\angle ACP$$

又

$$\angle EPD=\angle BAD=\angle BCD$$

故D,E,P,C四点共圆,故

$$\angle DEC=\angle DPC,\angle DLC=\angle DAC$$

即L,D,C,A四点共圆.

则

$$\angle ACQ = \angle PDE$$

又

$$\angle CAQ = \angle BAP = \angle EPD$$

故

$$\triangle DEP \backsim \triangle CQA, \frac{PE}{PD} = \frac{AQ}{AC}$$

即$\frac{PE}{PD} = \frac{AP}{AC}$.

注　虽然 P,Q 等角共轭,但是我们在证明中并没有指出;我们在思考过程中可以有高的观点迅速找到思路,但是在证明书写过程中应该尽可能少地引入新概念.

第十五篇

2018 年 6 月我在四川绵阳举办的“2018 年全国命题研讨会”见到了很多高手,也和他们探讨了一些问题,受益匪浅. 本篇继续写几个与鸡爪定理有关并和我这几天开会遇到的几个高手有关的问题,其中第一个问题是四川竞赛界的元老级人物——刘裕文老师提到的问题. 他当年给我上过竞赛课,在他的竞赛课上我学到了很多东西,后来工作后,也听过他的课,和他学习过不少知识. 他老当益壮,已经七十多岁了,每天还经常研究新的问题,实属难得.

1. (2001 年 IMO 中国国家队选拔考试第 5 题)如图 1,P 为正三角形 ABC 的 BC 边上的动点,O, I; O', I' 分别为 $\triangle ABP$,$\triangle ACP$ 的外心、内心,OI 交 $O'I'$ 于 Q. 求点 Q 的轨迹.

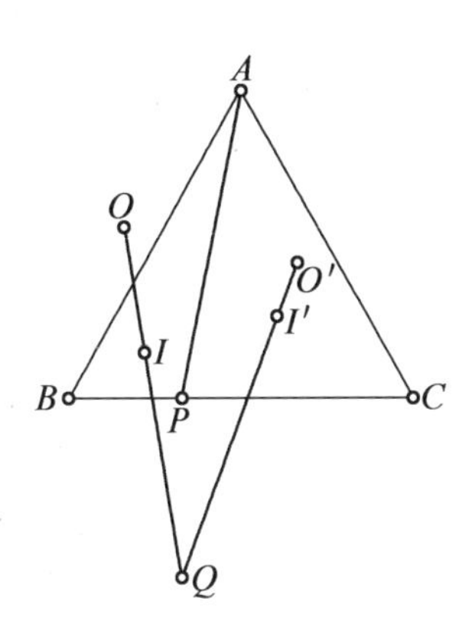

图 1

思路分析　由结果很难分析出有用的结论，只能先挖掘图形的性质，由外心自然要作出圆 O，O'交于 A，P 两点，显然两圆半径相等，由鸡爪定理得 B，I，O' 及 C，I'，O 分别三点共线，下面不知如何下手了. 轨迹问题一般都是找几个特殊位置得到一些点，猜出轨迹形状或性质，取点 P 的两个特殊位置点 B 或点 C，BC 的中点，不难发现都有 $QP\perp BC$，且 QP 长度不等，再画出一般情形，不难猜测恒有 $QP\perp BC$，P 为$\triangle OO'Q$ 外心且点 Q 轨迹为曲线.

显然$\triangle OPO'$为正三角形，故欲证 $QP=PO$，即证$\angle OQO'=30°$，BO'，CO 夹角为$60°$不难得到. 下面倒角不难得到 $QP\perp BC$，又 $AP=\sqrt{3}QP$，实在不好描述就建立坐标系，易得点 Q 轨迹为双曲线的一部分.

证明　如图 2，设 BO'交 CO 于 E，则$\angle AOP=2\angle ABC=120°$，故 A，O，P，C 四点共圆，且 O 为弧 AP 的

中点.

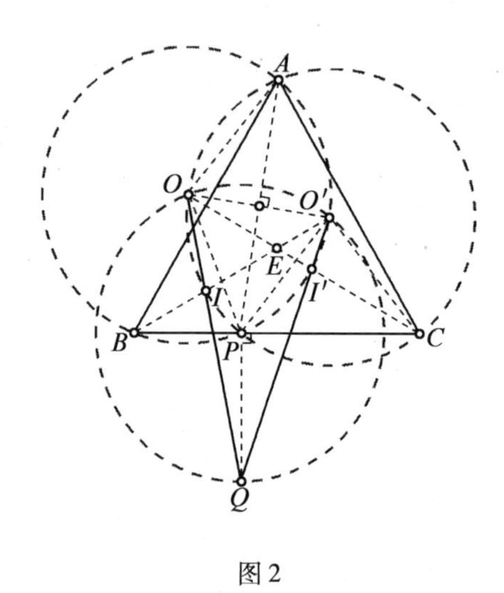

图 2

由鸡爪定理知 O,I',C 三点共线,且 $OI'=OP$,同理 B,I,O'三点共线,且 $O'I=O'P$,又

$$\angle BEO=60^\circ=\angle EOO'+\angle EO'O$$

故

$$\begin{aligned}\angle OQO' &= 180^\circ-\angle QOO'-\angle QO'O\\ &=180^\circ-\frac{1}{2}(180^\circ-\angle OO'I)-\\ &\quad\frac{1}{2}(180^\circ-\angle O'OI')\\ &=\frac{1}{2}(\angle O'OI'+\angle OO'I)=30^\circ\\ &=\frac{1}{2}\angle OPO'\end{aligned}$$

又 $PO=PO'$,故 P 为 $\triangle OQO'$ 的外心,则

$$\begin{aligned}\angle BPQ &= \angle OPQ-\angle OPB\\ &=2\angle OO'Q-\frac{1}{2}\angle OO'C\\ &=180^\circ-\angle O'OC-\frac{1}{2}(180^\circ-2\angle O'OC)\\ &=90^\circ\end{aligned}$$

由正弦定理得

$$AP=2QP\sin 60^\circ=\sqrt{3}QP$$

以 BC 的中点为原点,BC 为 x 轴建立直角坐标系,设 $A(0,1)$,$Q(x,y)$,则

$$\sqrt{x^2+1}=\sqrt{3}|y|$$

平方即得

$$3y^2-x^2=1$$

即 Q 轨迹为双曲线的一部分,方程为

$$3y^2-x^2=1\left(-\frac{\sqrt{3}}{3}\leqslant x\leqslant\frac{\sqrt{3}}{3}\right)$$

注　本题是很精妙的一道题目,需要先探索出 Q 的性质,得到 $QP\perp BC$,然后建系计算出轨迹方程,是难得的平面几何与解析几何完美结合的问题.

2.(2017.1.3,“我们爱几何”公众号,作者:雨中)如图 3,P 为正三角形 ABC 的边 BC 上的动点,O,I,J;O',I',J' 分别为 $\triangle ABP$,$\triangle ACP$ 的外心、内心、旁心.求证:$\triangle OIJ$ 与 $\triangle O'I'J'$ 的面积相等.

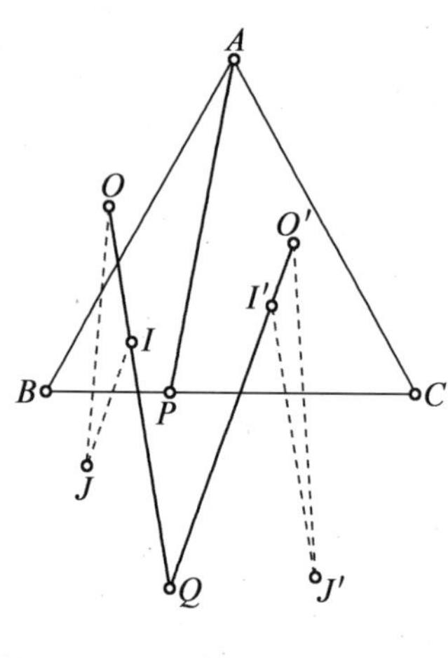

图 3

思路分析及证明 如图 4,与上题类似作出两圆,由鸡爪定理得 AIJ 共线且其与圆 O 交点 E 为 IJ 中点,同理 $AI'J'$ 共线且其与圆 O' 交点 F 为 $I'J'$ 的中点,从而只需证明 $\triangle OIE$ 与 $\triangle O'I'F$ 面积相等即可;不难观察到它们全等且对应边平行,这是不难证明的.

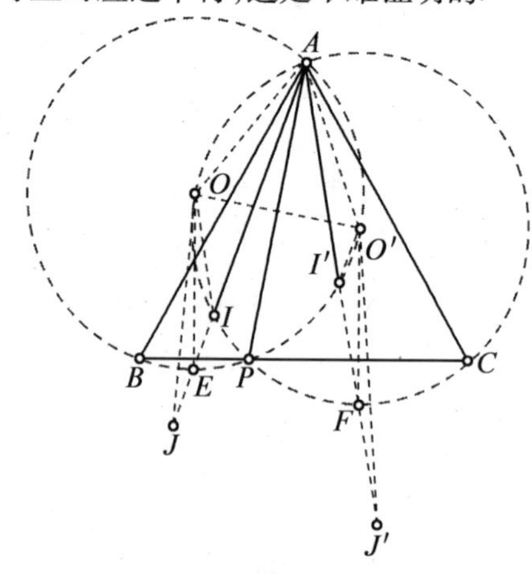

图 4

由上题有 $OE = O'F$，且 $\angle OIA = \frac{1}{2}\angle OO'A = 30^\circ = \angle IAI'$，故 $OI /\!/ AF$，同理 $O'I' /\!/ AE$；又 OE，$O'F$ 均与 BC 垂直，故 $OE /\!/ O'F$，则 $\triangle OIE \cong \triangle O'FI'$，从而结论成立.

注　(1)在熟悉鸡爪定理和上题结构的基础上看本题很简单.

(2)此题平行的结论如果用到上题中可以简化证明 $\angle Q = 30^\circ$，请读者自行验证.

3.(2017年中国西部数学奥林匹克第3题)如图5，点 D 在 BC 上，I，I' 为 $\triangle ABD$，$\triangle ACD$ 的内心，O，O' 为 $\triangle AID$，$\triangle AI'D$ 的外心，IO' 交 $I'O$ 于点 P. 求证：$PD \perp BC$.

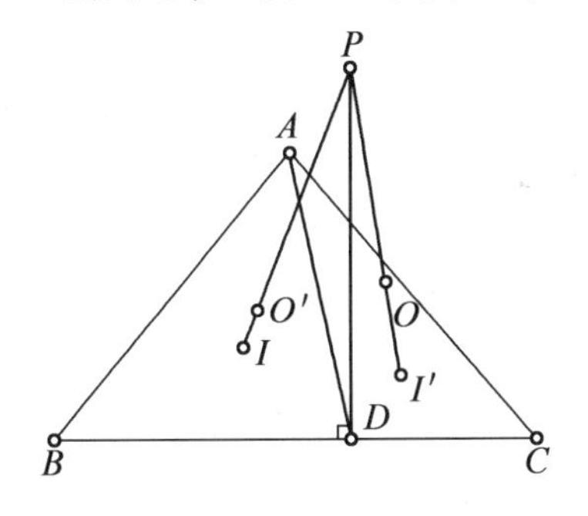

图5

思路分析　先挖掘图形基本性质，补出两圆出来，如图6. 由鸡爪定理即得 B，I，O 及 C，I'，O' 分别三点共线，显然 $ID \perp I'D$，下面似乎就没有什么好性质了.

要证明 $PD \perp BC$，关键还是要确定点 P 的位置，按这个作图顺序似乎很难描述 P.

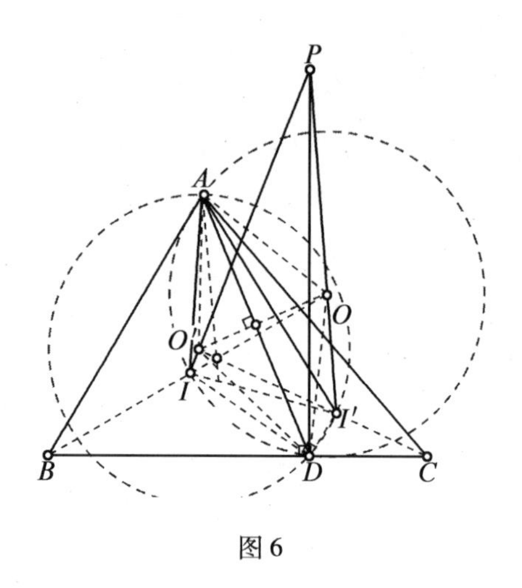

图 6

考虑转化和简化图形，矛盾主要集中在 D,I,I' 三点上，所以我们希望能消去 $\triangle ABC$，O，O' 分别在 ID，$I'D$ 的中垂线上. 这样能消去 B，C 两点. 要消去点 A 就要结合证明目标，$PD\perp BC \Leftrightarrow \angle ADI=\angle BDI=\angle PDI'$，又 $AD\perp OO'$，要消去点 A 只需证明 OO' 与 DI 的夹角等于 $\angle IDP$ 即可，这样 ABC 完全消去了，简化为图 7.

为了看着更舒服，我们把图形旋转一下，本题转化为：

如图 7，$ID\perp I'D$，O，O' 分别在 ID，$I'D$ 的中垂线上，IO' 交 $I'O$ 于点 P，OO' 交 DI 于点 J，求证：$\angle J=\angle JDP$.

到了这里我觉得基本没问题了，毕竟是直线形，大不了使用“暴力计算”证明. 不过我还是希望能找到纯几何方法，又探索了好久，还是没找到纯几何办法，直线型显然坐标系最简单.

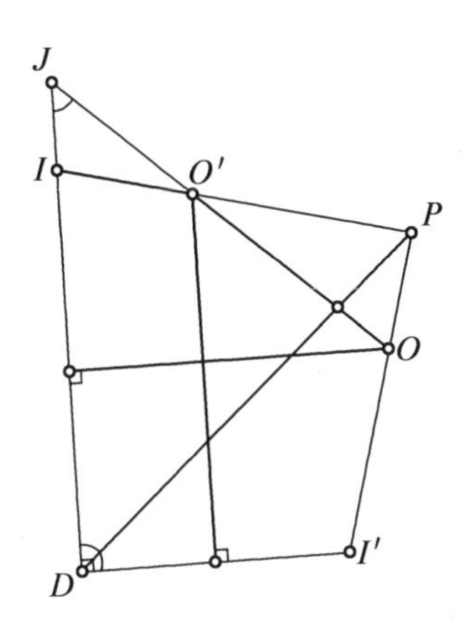

图 7

以 DI',DJ 为 x,y 轴建系,设各点坐标为 $I'(2v,0)$,$I(0,2u)$,$P(x,y)$,$O'(v,m)$,$O(n,u)$.

由

$$\frac{y-2u}{x}=\frac{m-2u}{v}$$

得

$$m=\frac{vy-2uv}{x}+2u$$

同理

$$\frac{y}{x-2v}=\frac{u}{n-2v}$$

得

$$n=\frac{ux-2uv}{y}+2v$$

故

$$k_{O'O}=\frac{m-u}{v-n}=-\frac{\dfrac{vy-2uv}{x}+u}{\dfrac{ux-2uv}{y}+v}=-\frac{y}{x}=-k_{DP}$$

从而结论成立.

注 (1)本题中若$\triangle ABC$为正三角形,则O,O'为$\triangle ABD,\triangle ACD$的外心,本题即变为第1题,所以本题是第1题的一般性的推广. 当然发现这个对最终解题几乎没有帮助,因为那里的方法已经不适合本题,只能另起锅灶,重新发现解法. 此题是人大附中张端阳老师出的. 这次命题研讨会他也参与了,他说这个题目是他自己画图发现的结论,原来没有想到第1题,后来才发现他们的关系.

(2)本题的难度颇高,主要是点P几乎没有几何性质,很难描述,图形也比较复杂. 2017年七月份刚考完我就做了这个题,当时也差不多是这样简化和转化的. 但是这两天重新做的时候发现又想不起来当时是怎么做的了,又花了不少时间才重新找到这个思路. 还是想给学生读者强调单墫老师常说的"好的音乐不妨多听几遍,好的题目不妨多做几遍""每个题目要做三遍",每做一遍都会有新的认识和新的收获. 第二次做此题还是没有找到更好的办法,这说明此题解法相对较少,在考场上一时找不到纯几何等漂亮的办法的时候要及时转向,用相对麻烦或者丑陋的解法先解出来再说. 本次研讨会上,高思教育的两届IMO金牌得主邹瑾老师也介绍了这几年西部竞赛的题目难度分析及得分情况,此题去年是个难题,平均只有15%的学生得到了满分. 邹瑾老师介绍说这个题目他们教练组也没有找到特别简洁的解法,参考答案的解法也是参考

了学生的解答得到的. 参考答案的思路与我不同,应用了鸡爪定理和角元塞瓦定理. 计算也有点曲折和复杂,有兴趣的读者可以自行参考.

(3)顺便再提及一下,本次研讨会冷岗松教授也给我们讲了很多思想方法,他每次给我们培训几乎都会强调熊斌教授提出的“追求通法、欣赏妙解”的重要性. 即解题的时候尽量用通法,尽量追求用能够普遍适应的解法,有些时候通法可能会比较烦琐,甚至“丑陋”,但是也绝不能轻视. 当然如果能找到妙解最好,但是不要过分追求和强调妙解,否则每个题目都有一种巧妙的解法对学生有时候是一种负担、干扰,甚至是误导. 学生会忽视通法,只希望妙解,对他将来的发展也会有不好的影响. 我很赞成冷教授的这个观点. 就拿这个题目来说,我转化到直线型以后努力追求妙解,但是多次尝试无果,于是我采用了解析法. 其实计算很简单. 这也是我前面说过的在几何学习中一定不能忽视计算的重要性. 很多问题的本质可能就是一些数量关系. 例如本题,可能本质上就是一个代数恒等式. 当然我也希望聪明的读者能找到巧妙的纯几何证明,如果您找到了希望不吝告知.

(4)还要再说一句,类似第 1 题,本题也可以考虑点 P 的轨迹,从几何画板上看,曲线应该是高次曲线,估计几何意义不多. 还有最后直线中的这个结论显然还能再推广. 即垂直不重要,只要平行就可以. 即:

如图 8,B,D,P 是 $\triangle AEC$ 三边的中点,点 F,G 在 DP,BP 上,CF 交 EG 于点 H,FG 交 AC,AE 于点 I,K. 求证:AH 平分 IK.

证明当然最好还是用解析法,如果用斜坐标系则解法与上述解法完全一样. 有兴趣的读者对本题可以进一步研究探讨.

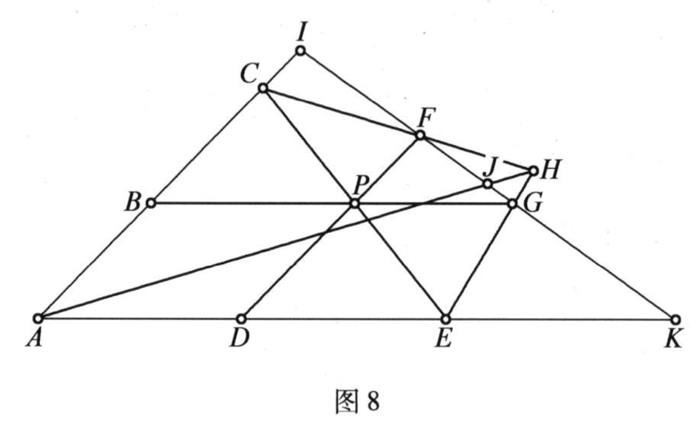

图 8

突如其来

第十六篇

1.(2017.3.29,"我们爱几何"公众号,作者:万喜人)如图1,O,I分别为$\triangle ABC$的外心、内心,$AB>AC$,$ID\perp BC$于D,E为$\triangle ABC$外接圆上弧BAC的中点,EI与圆O交于E,F,过AOF的圆与过IDF的圆交于F,K.求证:O,I,K三点共线.

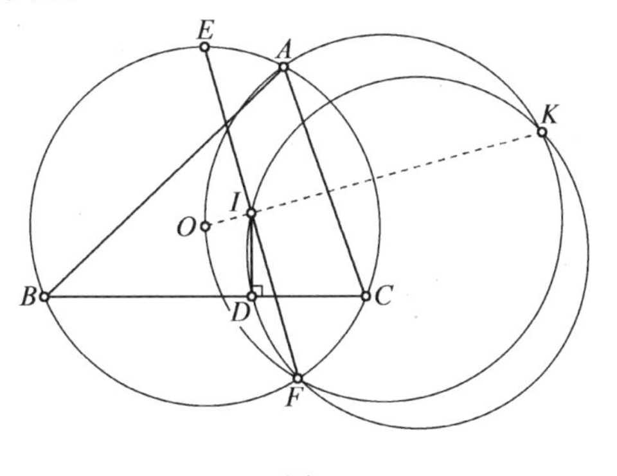

图1

思路分析 结构比较熟悉,和第十篇第3题图形几乎一样,基本性质应该也相同.设点E对径点为M,则A,I,M三点共线.下面的难点在于如何证明共线.证明共线最基本的思路是同一法,即证$\angle IKF=\angle OKF$,连接每两个圆的公共弦,后面用共圆倒角估计就差不多了,即

O,I,K三点共线$\Leftrightarrow\angle IKF=\angle OKF$

$\Leftrightarrow\angle MIF=\angle OAF$(可证$MI$为圆$IDF$的切线)

$\Leftrightarrow\angle MEI+\angle EMI=\angle OAM+\angle MAF$

$\Leftrightarrow\angle EMI=\angle OAM$

显然成立.

证明 如图2,设弧BC的中点为M,MF交BC于点J,则A,I,M三点共线,$\angle EFJ=90°=\angle IDJ$,故$I,D,F,J$共圆,即$K,I,D,F,J$共圆.

由鸡爪定理得

$$MI^2=MF\cdot MJ$$

故MI为圆IDF的切线,则

$$\begin{aligned}\angle IKF&=\angle MIF=\angle MEI+\angle EMI\\&=\angle MAF+\angle OAM=\angle OAF=\angle OKF\end{aligned}$$

即O,I,K三点共线.

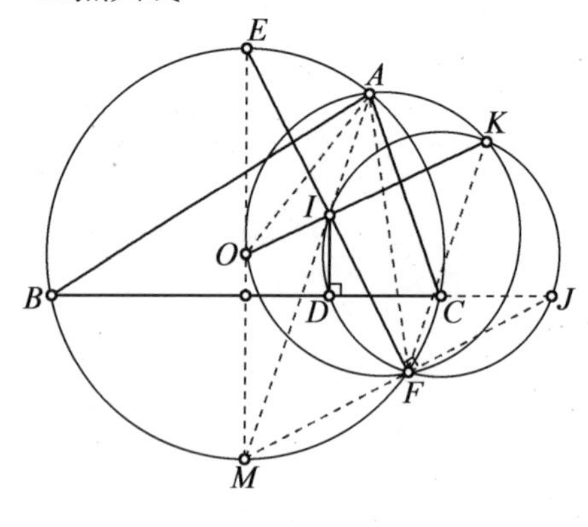

图2

注　建议读者对比第十篇第3题、第4题及第十一篇第2题进一步研究此图形性质.

2.(“金磊讲几何构型”公众号第5期征解问题)如图3,$\triangle ABC$ 中,$AB > AC$,O,I 为 $\triangle ABC$ 的外心、内心,过点 I 作 BC 的平行线交以 OI 为直径的圆于 F,$\triangle AOF$ 的外接圆交 $\triangle ABC$ 的外接圆于点 A,E. 求证:$\angle BAF = \angle CAE$.

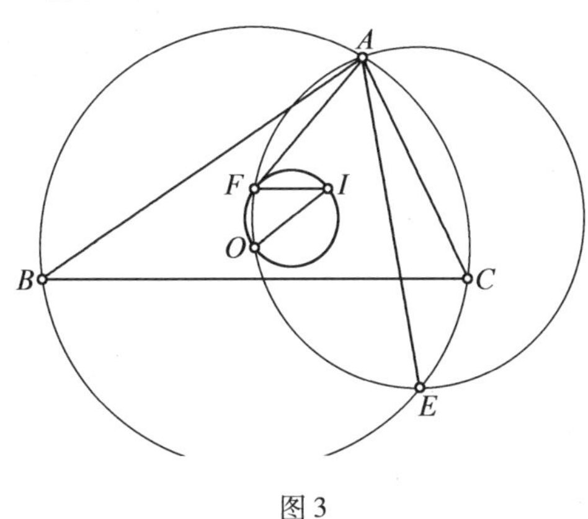

图3

思路分析　此题显然和上题及前面几题有联系,作出南极点 S,显然 A,I,S 及 F,O,S 共线,以下通过倒角证明 AI 平分 $\angle EAF$ 即可.

证明　如图4,作出过 OF 的直径 MS,显然 A,I,S 及 F,O,S 共线;弧 BEC 中点 S,故

$$2\angle SAE = \angle SOE = \angle FAE$$

则 $\angle SAE = \angle SAF$,$\angle BAF = \angle CAE$.

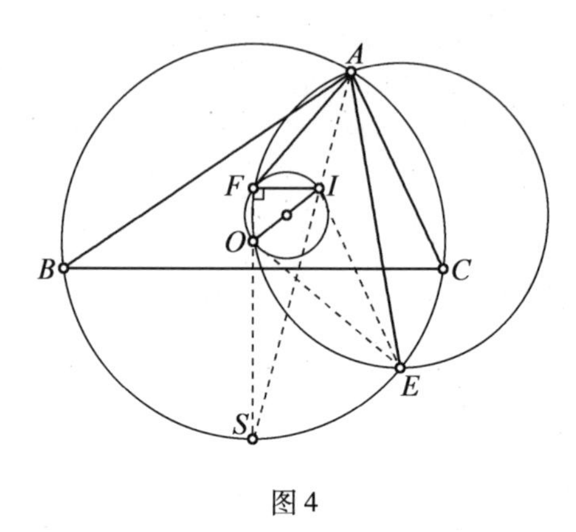

图4

注 本征解问题难度不算高,进一步还能证明 I 为 $\triangle AFE$ 的内心. 本题收到了浙江镇海中学刘哲源同学的解答,他的思路和我的不太一样,做法如下,请读者欣赏.

如图5,在圆 O 上取 E' 使得 $\angle BAF=\angle CAE'$,延长 FI 交 AC 于 G,延长 AF 交 BC 于 H,因 $FG/\!/BC$,故

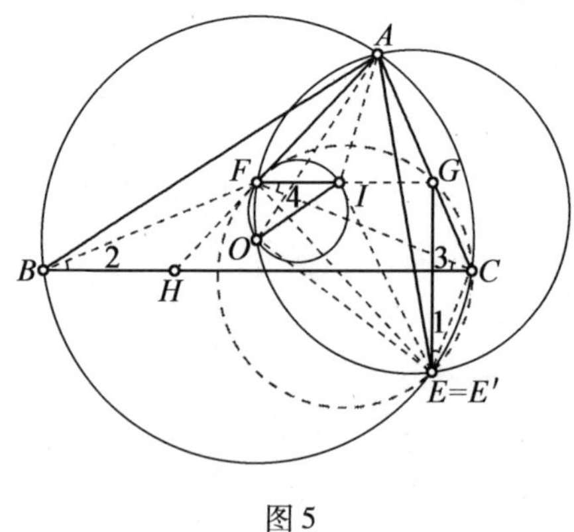

图5

$$\frac{AF}{FH}=\frac{AG}{GC}, \triangle ABF \backsim \triangle AE'G$$

$$\triangle FBH \backsim \triangle GE'C, \angle 1 = \angle 2$$

因

$$FO \perp FI, FI /\!/ BC$$

故 $FO \perp BC$,即 FO 为 BC 的中垂线.

因

$$\angle 2 = \angle 3 = \angle 4$$

故$\angle 1 = \angle 4$,F,G,C,E'四点共圆.

故

$$\begin{aligned}\angle GFE' &= 180 - \angle ACE' = 180 - \angle AHB \\ &= \angle AHC = \angle AFG\end{aligned}$$

即 FI 为$\angle AFE'$的内角平分线.

因 $FO \perp FI$,故 FO 为 $\angle AFE'$ 的外角平分线,又 $OA = OE'$,故 F,O,E',A 四点共圆. $E = E'$, $\angle BAF = \angle CAE$.

3.(重庆十一中荣仲老师)如图 6,$\triangle ABC$ 中,$AB < AC$,O,I,H 为$\triangle ABC$ 的外心、内心、垂心,K 在圆 O 上且$\angle AKH = 90°$,M 为圆 O 上弧 BAC 的中点,MI 与 AH 交点在圆 O 上. 求证:$\angle IKH = \angle INH$.

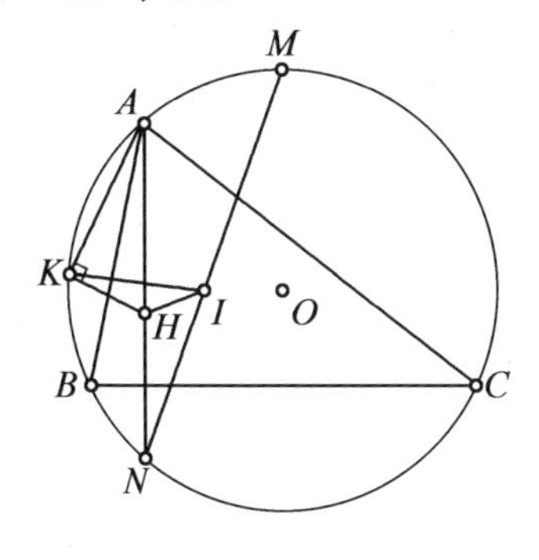

图 6

思路分析　显然已知条件 MI 与 AH 交点在圆 O 上蕴含着某个结论. 我的直觉是 $OI /\!/ BC$,这个是前面讨论过的熟悉问题,后面就简单了.

证明　如图7,设 MS 为直径,则 AIS,MOS 共线,依题意 $\angle ASM=\angle ANM=\angle NMS$,故 $IO /\!/ BC$,由第二篇第3题得 $\angle AIH=90^\circ$,故 $AKHI$ 共圆,则 $\angle IKH=\angle IAH=\angle INH$. 原结论成立.

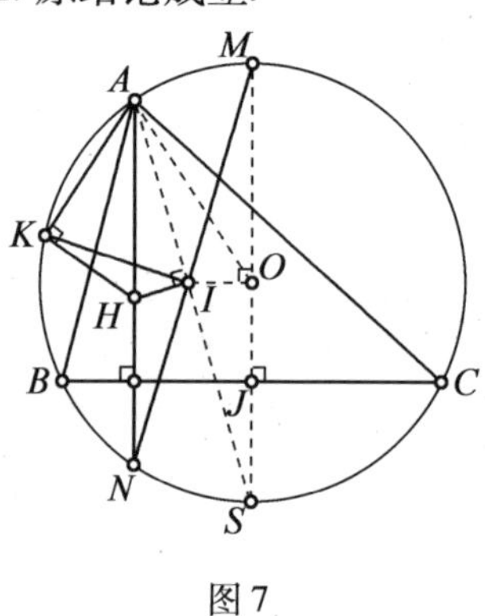

图7

注　(1)本题是前几天命题研讨会上,我遇到荣老师,荣老师说起的一个问题,他说原来的解答是用三角计算得到的,他希望找到一个纯几何方法. 后来他参考前面第二篇第3题得到了和我上述解法差不多的纯几何证法.

(2)还可以考虑本问题的逆命题,有兴趣的请参考第五篇第2题.

(3)本题和前面两题也有联系,算是其特例.

4. (2017. 10. 10,“我们爱几何”公众号,作者:卢圣)如图8,$\triangle ABC$ 中,$AB<AC$,O,I 为 $\triangle ABC$ 的外心、内心,$IJ\perp BC$ 于 J,某圆与 AB,AC 均相切且与圆 O 内

切于 D. 求证:OJD 共线的充要条件为 $OI /\!/ BC$.

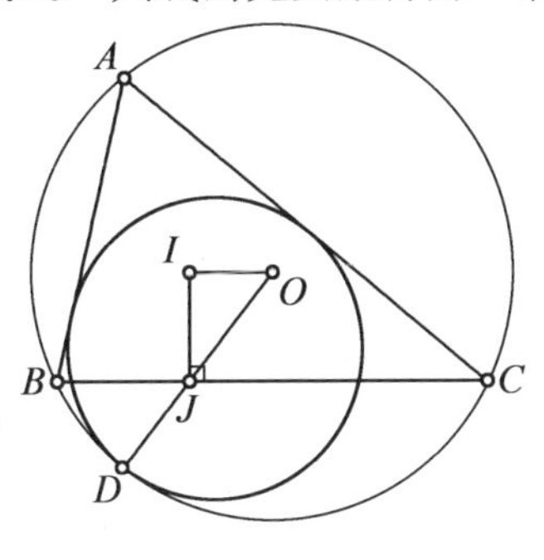

图 8

思路分析　此题显然是上题性质的另一种等价形式. 不过这个难度应该比较高,难点在于 D 点很难描述,这又必须回到第二篇第 4 题的曼海姆定理,但是那里的证明虽然证明很简洁,但是还是略有不足,因为没有提供太多的几何性质. 需要重新挖掘 D 的几何性质,又联想到第三篇第 4 题及第九篇. 第三篇第 4 题注中已经说到那里的点 T 即为上题中的点 D,这样就可以转化为几乎等价于本篇第 3 题的问题,基本就能解决了. 下面要做的即是给上述注中的结论给出证明即可. 这是经典结论,但是也不是很好证,结合第三篇第 4 题,只需证明其中第 1 问中等式即可,考虑到 D 为两圆的位似中心及调和四边形性质即能解决.

引理 1　如图 9,两圆内切于点 D,大圆的弦 AL,AM 与小圆相切于点 B,C,DB,DC 交大圆于点 E,F,则 E,F 为弧 AL,AM 的中点,且 $AE \cdot DF = AF \cdot DE$.

证明　设过 E 的大圆切线为 EK,则由 D 为两圆位似中心得

$$\angle LAD + \angle BDA = \angle LBD = \angle KED$$

$$= \angle EAD = \angle EAL + \angle LAD$$

故$\angle BDA = \angle EAL$,即 E 为弧 AL 的中点,同理 F 为弧 AM 的中点.

由切割线定理得

$$\frac{BD}{BJ} = \frac{AB}{AJ} = \frac{AC}{AJ} = \frac{DC}{JC}$$

即 $BD \cdot JC = JB \cdot DC$. 由两圆位似知 $DBJC$ 与 $DEAF$ 位似,故

$$AE \cdot DF = AF \cdot DE$$

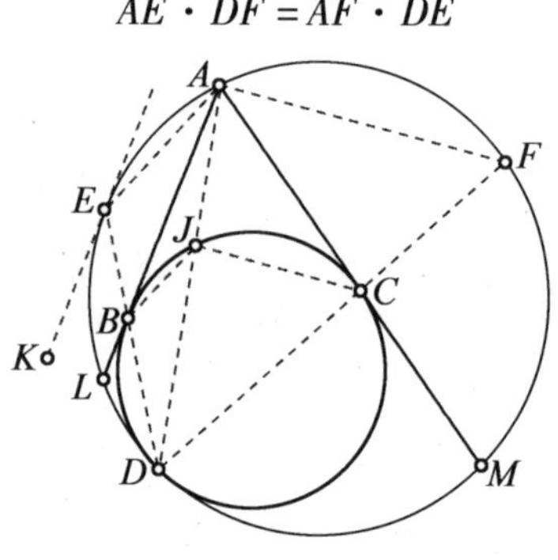

图 9

引理 2 如图 10,$\triangle ABC$ 中,$AB < AC$,M 为$\triangle ABC$ 外接圆 O 上弧 BAC 的中点,I 为$\triangle ABC$ 的内心,MI 交圆 O 于点 E,$IF \perp OM$ 于点 F, $ID \perp BC$ 于点 D. 求证:E,D,F 三点共线.

证明 由鸡爪定理得

$$KI^2 = KL \cdot KM$$

则

$$\triangle KIL \backsim \triangle KMI$$

故

$$\angle ILD = AMI$$

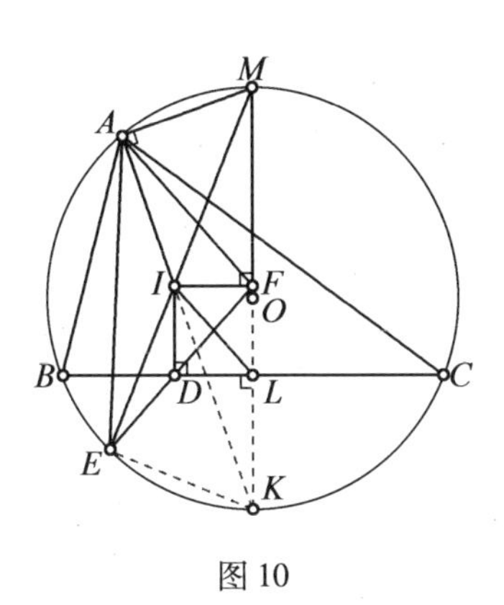

图 10

显然 A,I,F,M 及 E,K,F,I 分别四点共圆,则

$$\angle IFD=\angle ILD=\angle AMI=\angle AKE=\angle IFE$$

故 E,D,F 三点共线.

下面证明本题:

如图 11,设 DK,DL 交圆 O 于点 $N,M,AP/\!/NM$,由引理 1 知 N,M 为弧 AB,AC 的中点且 $AN\cdot DM=AM\cdot DN$,由第三篇第 4 题知 P 为弧 BAC 的中点,且 D,I,P 三点共线,由引理 2 知 DJO 共线$\Leftrightarrow IO\perp OP\Leftrightarrow IO/\!/BC$,从而原结论成立.

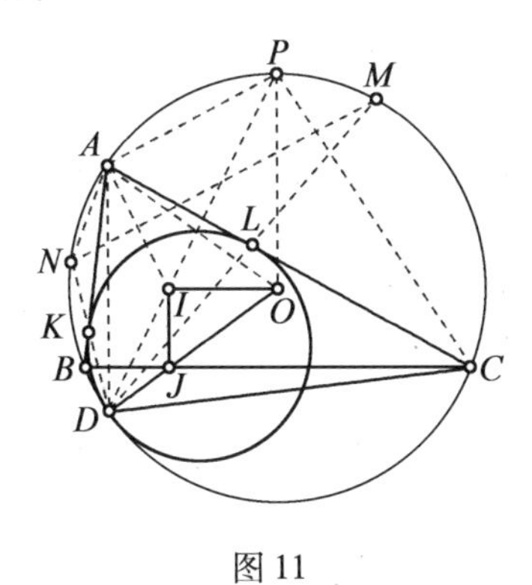

图 11

注 (1)本题算是前面几个问题的综合应用.解决以后对前面很多问题的理解和认识会深刻许多.

(2)当然本题也可以考虑其他证明,由 $OI /\!/ BC$ 证 D,J,O 共线相对容易,反之较难.直接三角计算也是一种思路,但是也不容易.有兴趣的读者可以尝试.

(3)前面已经讨论过几次此类问题的几何性质,这题与上题进一步丰富了 $OI /\!/ BC$ 此结构的性质.

(4)本题作者是卢圣,是一个几何高手.几何是数学中最吸引人的一个分支,群众基础非常好,许多学生的解题水平都非常高.成人中几何爱好者和高手也很多,只要看看数学群里,几何群是最热闹,也是人最多的,这就能看出此言非虚.我一般把成人几何高手分为三类:一是"科班出身"——一直以研究几何为工作的专家或大学教师,例如叶中豪、黄利兵、萧振纲、何忆捷、田廷彦、沈文选、杨标桂等;二是竞赛老师中以几何为主攻方向的爱好者及高手,这个最多,例如田开斌、杨运新、边红平、姚佳斌、金春来、林天齐、费嘉彦、苏林、唐传发、张端阳、雨中等,我也算是忝列其中;三是"半路出家"的几何高手,即本身有自己工作,只是凭个人兴趣、业余爱好研究几何的人,这个也非常多,例如万喜人、曹珏赟、卢圣、潘成华、顾冬华、李雨明、陈学辉等,其中有些人现在已经转行作为专职竞赛老师了.当然这些只是我凭印象按自己近几年接触到的人大概列举的,挂一漏万之处在所难免.

卢圣虽然不是老师,但是他在平面几何方面所下的功夫非常多,对很多结论有独到而深入的研究,例如他对内心写过好几篇研究深入的文章,有兴趣的读者可以仔细研读.

最后大概总结一下,很显然本文中的题目都在讨论伪内切圆与外接圆切点的性质,当然这只是冰山一角,还有很多更有趣的性质值得进一步挖掘.

震惊百里

第十七篇

1.(“金磊讲几何构型”公众号第六期征解问题)如图1,$ABCD$ 为圆 O 上的定点,P 是不含 CD 的弧 AB 上的动点,T,S 为 $\triangle PAD$, $\triangle PBC$ 的内心. 求证:TS 的中点在某个定圆上运动.

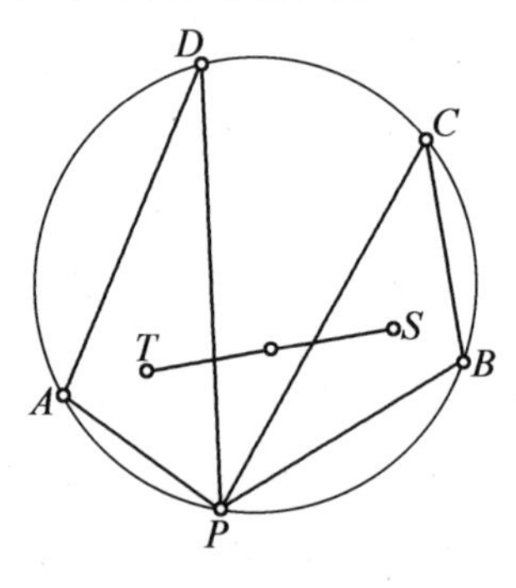

图1

证明 如图2,设 N,M 为弧 AD,BC 的中点,O,Z,L 为 MN,MT,ST 的中点,由鸡爪定理得

$$NT=ND, MS=MC$$

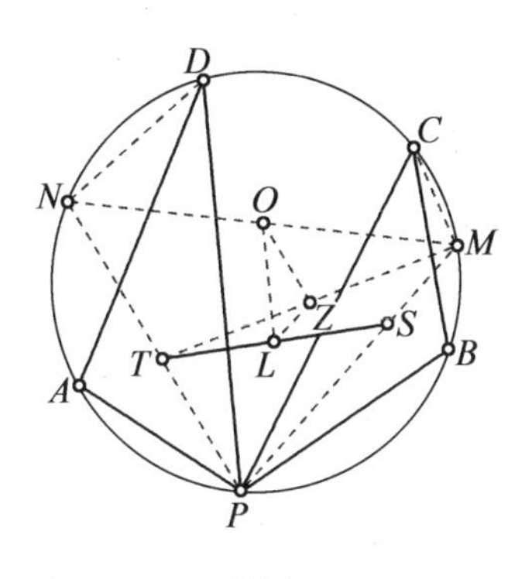

图 2

由中位线定理得 $2OZ = NT$, $2ZL = MS$, $\angle OZL = 180° - \angle NPM$,从而 $\triangle OZL$ 中,LZ, ZO, $\angle OZL$ 均为定值,故 OL 为定值.

即 L 轨迹为以定点 O 为圆心,定长 OL 为半径的圆.

注　(1)此题显然是第一期征解问题的再推广,所以当然也可以绕到那里给出证明,不过首先不必要绕过去,其次即使到了那里也不好说明.

这里去粗取精,得到了一个简洁明了的证明.

(2)本题有不少读者给出了证明,有北京四中的张展维同学,江西育华学校初三学生陈冠伊(这里要向他道歉,上一期他也给出了精彩的解答,上篇文章忘记说明了)、北京十一学校的崔云彤同学、西安铁一中的蒋若曦同学等,值得表扬的是他们不约而同采用了上述简洁证法,还有一位同学绕到了第一期征解问题,又由梅涅劳斯定理经过复杂的运算给出了证明.

2.(2017.6.25,"我们爱几何"公众号,作者:杨标桂)如图 3,$\triangle ABC$ 中,I, J 为其内心和 A 旁心,I, J 在

BC 上的垂足为 E, F, N 为弧 BAC 的中点. 求证: $\angle EAF = \angle INJ$.

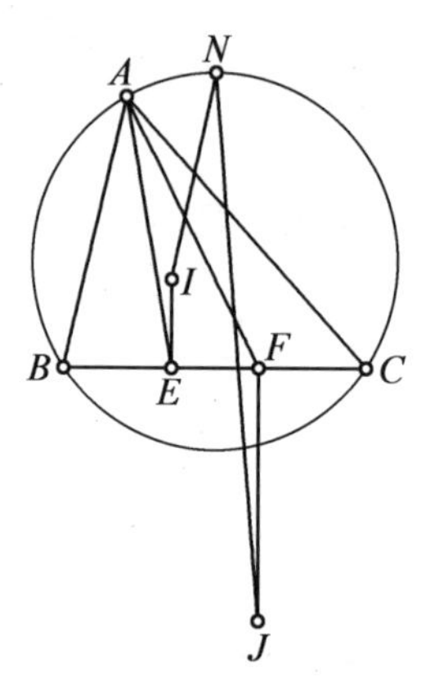

图 3

思路分析　这是鸡爪定理基本构型,作出北极点 S,则 A,I,S,J 四点共线,且 $SI = SJ$, $A,G;I,J$ 为调和点列.

下面必然由结果分析,此两角看起来有点怪,想都转化到第三个角希望不大. 那就分而治之,发现似乎 $\angle EAI = \angle SNJ$,显然 $\angle EIS = \angle ISN$,故需证 $\triangle AEI \backsim \triangle NJS$. 欲证相似,还有一个角相等的可能性不大,故考虑比例可能性较大,故转而证明 $AI/IE = NS/SJ$,这显然是欧拉公式. 如法炮制即得到另一个角对应相等即可.

证明　如图 4,设 NS 为直径,AI 交 BC 于 G, R, r 为 $\triangle ABC$ 外接圆、内切圆半径,则由鸡爪定理得 A,I,S,J 四点共线,$SI = SJ$ 且 $A,G;I,J$ 为调和点列.

显然 $IE /\!/ SN /\!/ JF$,则 $\angle EIS = \angle ISN$.

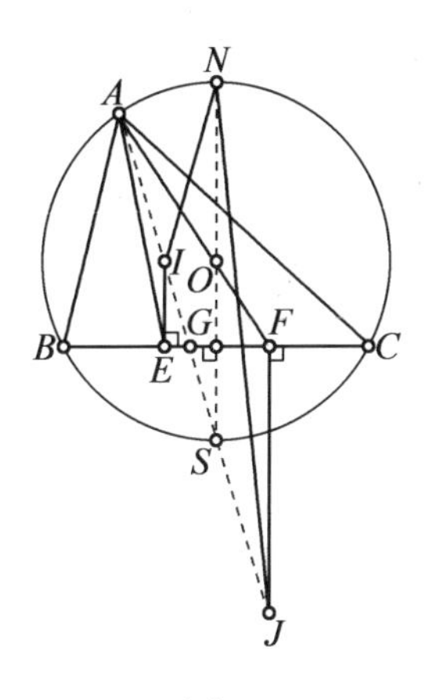

图 4

由第二篇第 2 题欧拉 - 察柏尔公式知

$$2Rr = R^2 - OI^2 = AI \cdot IS$$

即

$$SN \cdot IE = AI \cdot SJ$$

即

$$\frac{SJ}{IE} = \frac{SN}{AI} \tag{1}$$

故$\triangle AEI \backsim \triangle NJS$，则$\angle EAI = \angle SNJ$.

类似地，由 $A, G; I, J$ 为调和点列得

$$\frac{JF}{IE} = \frac{JG}{IG} = \frac{JA}{AI} \tag{2}$$

(1)(2)相除得

$$\frac{SI}{JF} = \frac{SN}{AJ}$$

又

$$\angle ISN = \angle FJA$$

则

$$\triangle AJF \backsim \triangle NSI, \angle FAI = \angle SNI$$

故 $\angle EAF = \angle INJ$.

注 本题作者杨标桂是福建师范大学的老师,他是大学老师中少有的钟爱平面几何的,他对很多结构有独特的认识和研究,发表过不少相关的研究性文章.

3. (2017. 6. 26,“我们爱几何”公众号,作者:黄利兵)如图 5,I 在 $\triangle ABC$ 中,且 $\triangle ABI \backsim \triangle AJC$,$E$,$F$ 在 BC 上,且 $\angle CEI = \angle CFJ = 90° - \dfrac{1}{2}\angle IAJ$,$N$ 为弧 BAC 的中点. 求证:$\angle EAF = \angle INJ$.

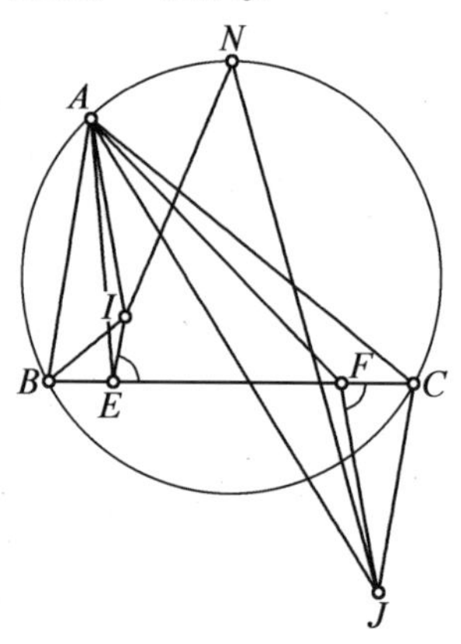

图 5

思路分析及证明 此题显然是上题的推广,难度必然增加了不少. 但是感觉很可能思路也差不多. 如图 6,作出南极点 S 势在必行. 此时 $\angle IAS = \angle JAS$. 还是照猫画虎,考虑类似上题方法,分而治之,观察到似乎 $\angle EAS = \angle JNS$,同理会有 $\angle FAS = \angle INS$,故只需证明其成立即可. 这样就能消去点 F 了. 又 $\angle CEI = 90° - \dfrac{1}{2}\angle IAJ = \angle NSZ$,我们希望能继续简化图形,由 $\triangle ABI \backsim$

$\triangle AJC$ 及 $\triangle ABM \backsim \triangle ASC$ 即得 $AI \cdot AJ = AB \cdot AC = AM \cdot AS$,这样就能把与证明结果无关的 AB,AC,BI,CJ,IN 消去,图形就“清爽”了许多.

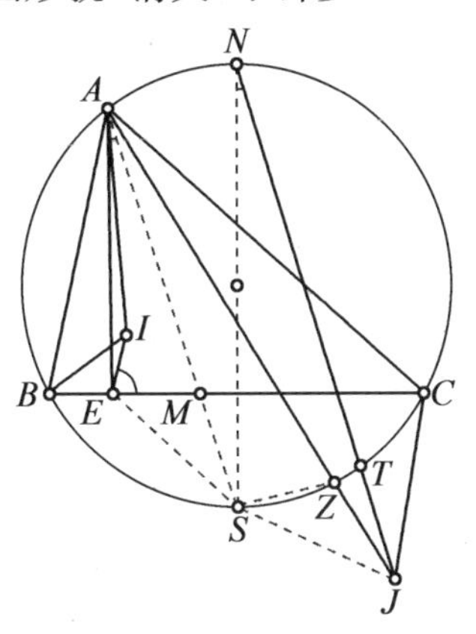

图 6

原题转化为:如图 7,SN 为与 BC 垂直的直径,$\angle IAS = \angle JAS$,$AI \cdot AJ = AM \cdot AS$,点 E 在 BC 上,且 $\angle CEI = \angle NSZ$. 求证:$\angle EAS = \angle JNS$.

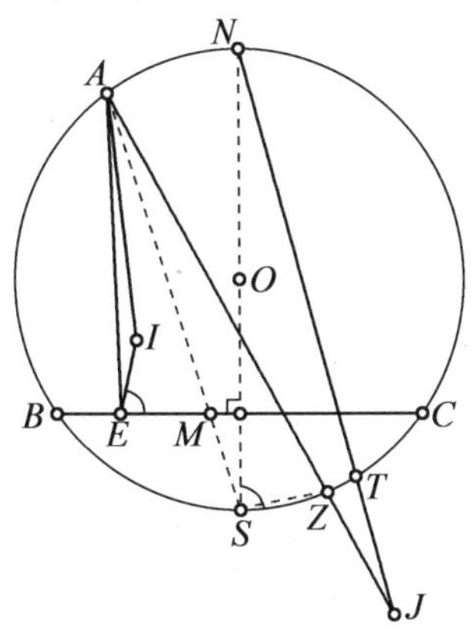

图 7

证明的基本思路当然还是找相似，$\angle CEI=\angle NSZ$ 比较难用，不难得到 $\angle AMB=\angle ASB+\angle SBM=\angle ATB+\angle STB=\angle ATS$，如图 8，延长 EI 交 AS 于点 P，则 $\triangle PEM\backsim\triangle QSZ$，且 $\triangle API\backsim\triangle AQS$.

图形里面还有很多相似，如 $\triangle AEM\backsim\triangle AST$，$\triangle AEI\backsim\triangle AJT$ 等，但是都不好证明，这是因为关键条件 $AI\cdot AJ=AM\cdot AS$ 很难用.

经过尝试探索，感觉还是不好说清楚，但是发现其逆命题比较容易证明，故由图形的唯一性，可以考虑用同一法，即由 $\angle EAS=\angle JNS$，证明 $AI\cdot AJ=AM\cdot AS$. 这个由 $\angle EAS=\angle JNS=\angle TAS$ 及 $\triangle API\backsim\triangle AQS$，得到 $\angle AIE=\angle ATJ$ 且 $\angle IAE=\angle TAJ$，则 $\triangle AEI\backsim\triangle AJT$，再由 $\triangle AEM\backsim\triangle AST$，即得 $AI\cdot AJ=AE\cdot AT=AM\cdot AS$，从而结论成立.

再由 E,F 两点的对称性可以得到另一对角相等，从而原结论成立. 具体证明过程不再赘述.

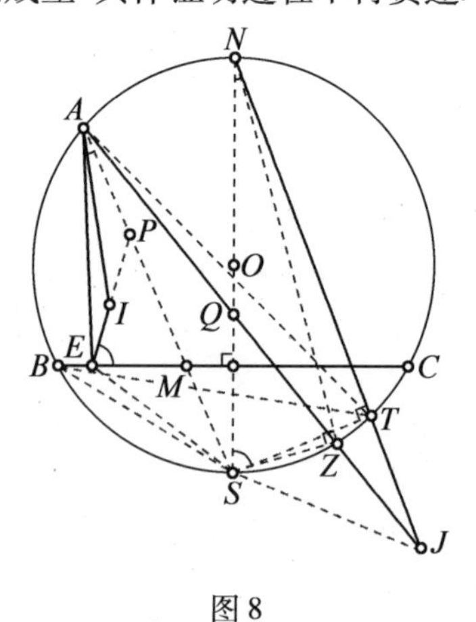

图 8

注　(1)本题推广后难度增加了不少,主要是图形略复杂,条件不好利用. 简化和转化图形以后类比上题得到了解法. 这进一步说明知道一个问题的来龙去脉以后对做题往往有很大帮助. 当然本题的本质应该是上述简化后的图形,是等角线的性质.

(2)本题是南开大学的黄利兵老师对上题的推广,第一篇第4题也是他推广得到的. 黄老师当年参加过竞赛,北京大学博士毕业后在南开大学任教,研究方向是微分几何,难能可贵的是他在繁忙的研究之余对初等几何依然情有独钟. 在我的印象中,大学老师对平面几何研究一般都比较“鄙视”的,毕竟平面几何系统已经被大家彻底研究透,这个领域不可能出现什么新的有开创性的成果了,相关论文也很难发表在较高水平的杂志上. 上述观点不无道理,不过我觉得一方面平面几何本身确实十分令人着迷(数学家或非数学家的名人很多都留有以他们名字命名的几何定理,几何也算是数学中的一个“小花园”,虽然不会有“惊天大发现”,但是里面依然隐藏着不少有趣而精美的结论. 例如叶中豪叶老等人依然在夜以继日、废寝忘食地“批量生产”精妙的几何新题);另一方面她也的确能锻炼人的分析、解决问题及逻辑思维能力,对进一步提升数学能力有莫大帮助. 最重要的可以以平面几何为跳板,进一步研究曲面曲线等“大几何”,这可能是大多数几何学家的成长历程.

黄老师是我见过的大学老师中对平面几何有兴趣,且几何造诣最深厚、理解最深刻的,他对高等几何烂熟于心,对初等几何也驾轻就熟、游刃有余,几乎对遇到的每个问题都有深刻而独到的见解,都能揭示出问题本质并加以推广. 市面上能看到命题人讲座中他与陆洪文写的著作《解析几何》,他在书中高屋建瓴、居高临下,用曲线系观点贯通了平面几何和解析几何,是国内此领域绝无仅有的好书. 虽然内容略有些艰深,但是字字千金、题题经典,是希望由平面几何登堂入室进一步到达代数曲线研究、提升几何"观点"的读者梦寐以求、不可多得的读物.

亢龙有悔

第十八篇

周星驰的电影《武状元苏乞儿》中，苏乞儿得到的降龙十八掌秘籍中只有十七掌，后来机缘巧合才发现把前十七掌结合起来就是威力超强的第十八掌——亢龙有悔.

类似于电影，我将在鸡爪定理第十八篇中对前十七篇中的内容做一总结提升，我认为这样做意义重大：题目永远做不完，也不可能把所有题目做完，伤其全身不如断其一指，我们能做的是把有限的几个题目做透，理清楚它们之间的来龙去脉，然后才能举一反三.

本总结不求面面俱到，但求把几类相关问题放到一起、相互对照、相得益彰. 关于鸡爪定理的文章就先告一段落，我手头还有很多与其相关的问题，以后有时间我会继续往下写. 为了说明每个问题的出处，例如在某个结论后面用“四－3”表示出自第四篇第3题，其他类推.

一、基本结构

如图1,若 I,J 为 $\triangle ABC$ 的内心、旁心,则

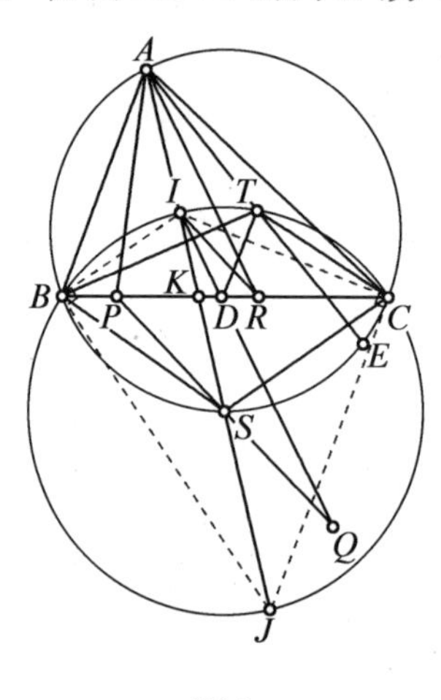

图1

(1) $SB=SC=SI=SJ$(即 B,J,C,I 共圆且圆心为 S),反之其也可以作为判定;

(2) $A,K;I,J$ 构成调和点列;

(3)满足 $\angle TBC+\angle TCB=\angle TBA+\angle TCA$ 的动点 T 的轨迹为圆 S(四-1);

(4)若 $TD /\!/ AB$,则 $TD/TE=AT/AC$(十四-4);

(5)若 P,R 在 BC 上,P,Q 关于 S 对称,$AR /\!/ IQ$,则 $IR /\!/ PQ$(十一-1);

(6)进一步,补出三个旁心,如图2,则可得到 I 为三个旁心的垂心,且此圆为三个旁心的九点圆等经典结论.

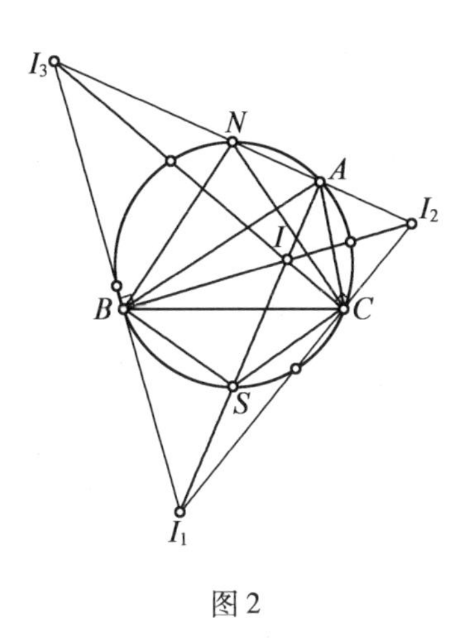

图 2

二、最常见性质

如图 3，过 S 的直线交 BC，$\triangle ABC$ 外接圆于 M，M' 则

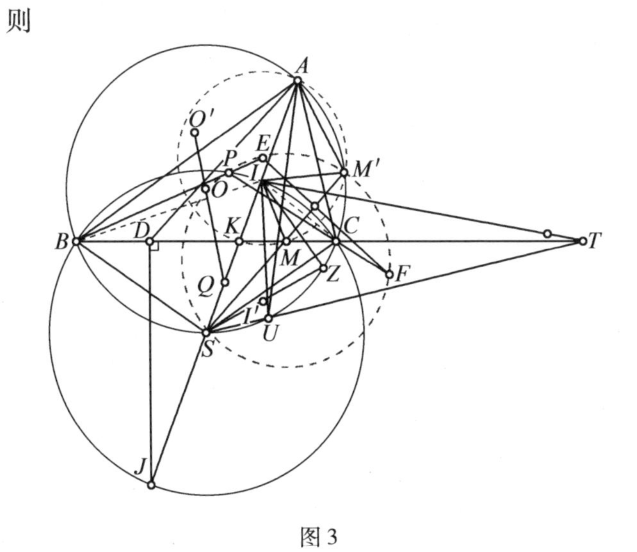

图 3

(1)$SI^2=SK\cdot SA=SM'\cdot SM$,从而 A,K,M',M 共圆,且$\angle IM'A=\angle BMI$(二-5,四-5等);

(2)若 I 关于 BC 对称点为 I',SI'交圆 O 于 Z,则 $IZ=IA$(十一-4);

(3)J 为 A 旁心,$JD\perp BC$,O'为$\triangle ADK$ 的外心,AJ 的中点为 Q,则 O',O,Q 共线(六-4);

(4)$\angle BIC$ 外角平分线交 BC 于 T,ST 交圆 O 于 U,则$\triangle AIU$ 的外心在 IT 上(三-5);

(5)P 在圆 S 上,BP,CP 交 MM'的中垂线于 E,F,则 M',E,P,F 共圆,当 P 与 I 重合时结论也成立(一-4,一-3).

三、与 IO//BC 相关的问题

如图4,若 O,I 为$\triangle ABC$ 的外心、内心,AI,AH 交外接圆于 L,D,BC 对的伪内切圆切圆于 T,$IY\perp BC$ 于 Y,K 在圆 O 上,且 $AK\perp KH$,CI 中点为 E,则以下11个命题等价:

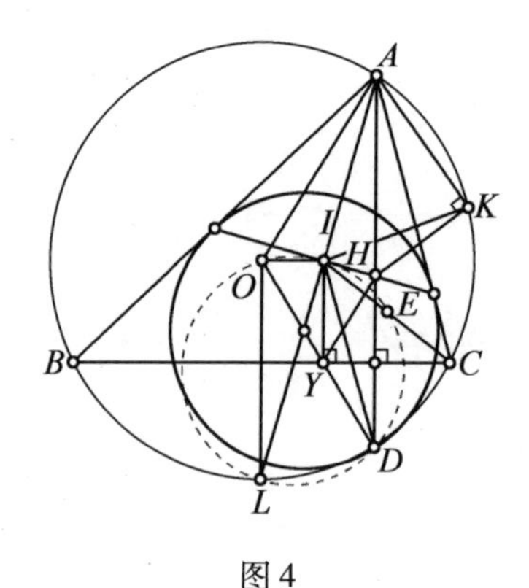

图4

(1)$OI/\!/BC$(二-3);

(2) $\cos B+\cos C=1$;

(3) $R\cos A=r$(二 -3);

(4) $AI\perp IH$(二 -3,五 -2);

(5) $ID\perp DL$(五 -2);

(6) O,Y,T 共线(十六 -4);

(7) T,D 重合(十六 -4);

(8) $\angle HKI=\angle HDI$(十六 -3);

(9) O,I,D,E 共圆(十 -4);

(10) $AO/\!/YH$(十 -4);

(11) I 为 $\triangle AOD$ 内心(十 -4).

四、内心推广到等角共轭

1. 如图 5,若 $\triangle ABC$ 内 P,Q 等角共轭,AP 交 $\triangle ABC$ 外接圆 O 于 M,K 在弧 ACM 上,且 MK 交 BC 于 D,则 $\angle AKQ=\angle PDB$(二 -5,七 -4).

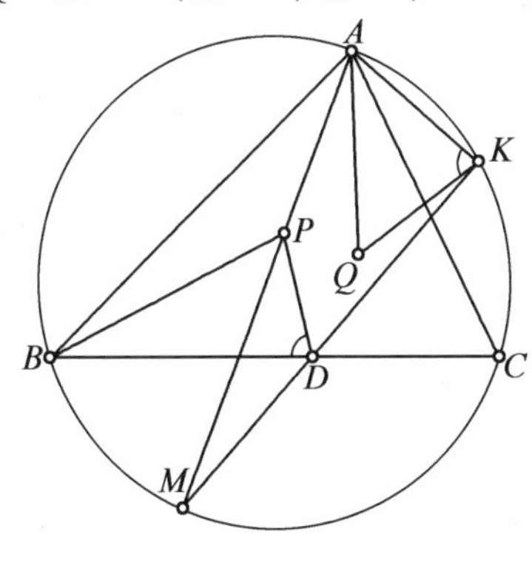

图 5

(1) 当 $\angle PDB=90°$ 时,$\angle AKQ=90°$(七 -3);

(2) 当 PQ 在角平分线上时结论成立(七 -1);

(3) 当 P,Q 重合于内心 I 时结论成立(四 -5).

2.（“金磊讲几何构型”公众号征解问题七）如图6，设$\triangle ABC$外接圆为O，$\angle BAC$内角平分线交圆O于D，E为弧BDC上一点，F为BC上一点，且$\angle BAF=\angle CAE<\angle BAD$，$I$，$H$在$AD$上，且$\angle ACI=\angle BCH$，$G$在$IF$上，且$AI/AH=IG/GF$，则$DG$与$EI$交点在圆$O$上.

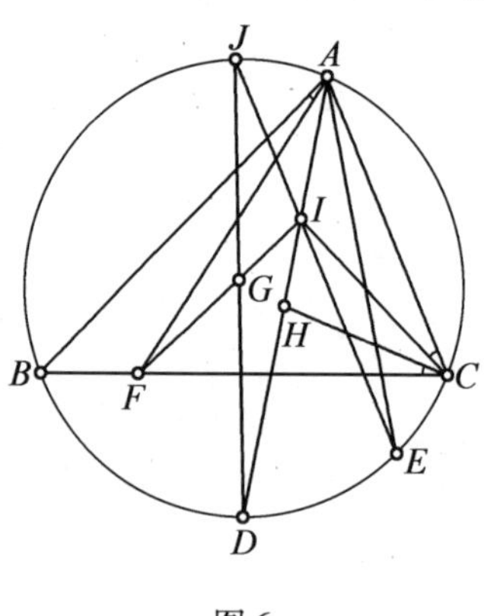

图6

当IH重合于内心时结论成立（三-6，五-6）.

3. 如图7，$\triangle ABC$内接于圆O，D，E关于$\triangle ABC$等角共轭，过D的OD的垂线交BC于K，过A的DK的平行线交圆O于F，Q在线段AD上且$\angle DQE=\angle DKB$.

（1）$KF=KQ$（十四-1）；

（2）当DE位于角平分线上时结论成立（八-2）；

（3）当DE重合时结论成立（一-2，二-7，八-2）.

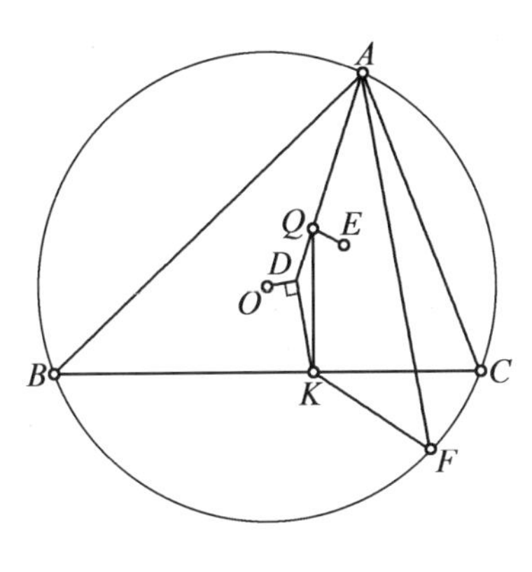

图 7

五、与伪内切点有关的问题

如图 8，若 N 为弧 BC 的中点，O，I 为 $\triangle ABC$ 的内心、外心，$IF \perp BC$，NI 交圆 O 于 D，圆 IFD，ON 交圆 AOD 于 X，H，则

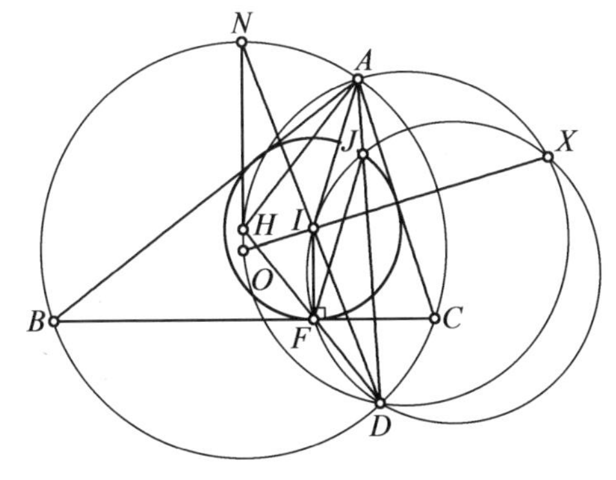

图 8

(1) OIX 共线（十六 -1）；

(2) I 为 $\triangle AHD$ 的内心（十六 -2）；

(3) $IH \perp ON$(十六-2);

(4) $AI /\!/ FJ$(十-3).

六、圆内接四边形四个内心构成矩形(富尔曼定理)相关

如图9,四边形 $ABCD$ 内接于圆,$\triangle BCD$,$\triangle ACD$,$\triangle ABD$,$\triangle ABC$ 的内心分别为 A',B',C',D'.

四个内接圆半径分别为 a,b,c,d. AC 交 BD 于 E,K,J 为$\triangle DAE$,$\triangle CBE$ 的内心,过 J 的 BD 的垂线交过 K 的 AC 的垂线于 F.

(1) $A'B'C'D'$为矩形(二-1);

(2)圆上四点构成的四个三角形,它们的内心和旁心共16个点分布在8条直线上,每线上四点;且8条直线是两组互相垂直的平行线,每组四条直线(二-1);

(3) $a+c=b+d$(九-3);

(4) $JK /\!/ A'B'$(十三-3);

(5) $FJ=FK$(十三-4);

(6)若 $\angle BAC=\angle DAC$,则$\triangle ABC$,$\triangle ADC$ 内切圆的一条外公切线平行于 BD(十三-2).

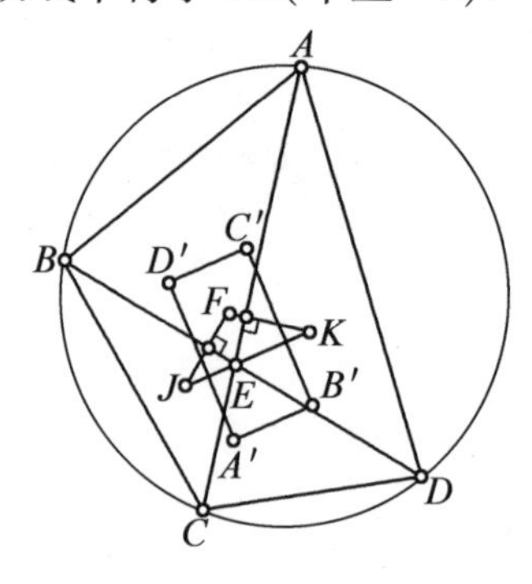

图9

七、与欧拉－察柏尔公式相关

如图 10，O，I 为 $\triangle ABC$ 的外心、内心，R，r 为圆 O、圆 I 半径，则

(1) $OI^2=R^2-2Rr$（二－2）；

(2) 过圆 O 上任意点 D 作圆 I 切线与圆 O 再次交于 E，F，则 EF 与圆 I 相切（二－2）；

(3) 曼海姆定理，圆 O' 内切圆 O 于 D，A 为大圆 O 上任一点，AB，AC 为圆 O 的弦，分别切圆 O' 于 E，F，EF 交 AO' 于 I，求证：I 为 $\triangle ABC$ 的内心，反之亦然（二－4）.

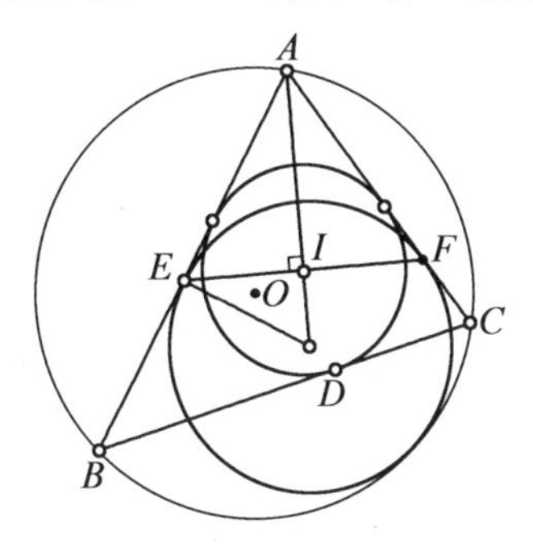

图 10

八、内心、旁心性质的一种推广

如图 11，I 在 $\triangle ABC$ 中，且 $\triangle ABI\backsim\triangle AJC$，$E$，$F$ 在 BC 上，且 $\angle CEI=\angle CFJ=90°-\frac{1}{2}\angle IAJ$，$N$ 为弧 BAC 的中点. 求证：$\angle EAF=\angle INJ$（十七－3）.

当 I 为 $\triangle ABC$ 的内心时，J 为其旁心（十七－2）.

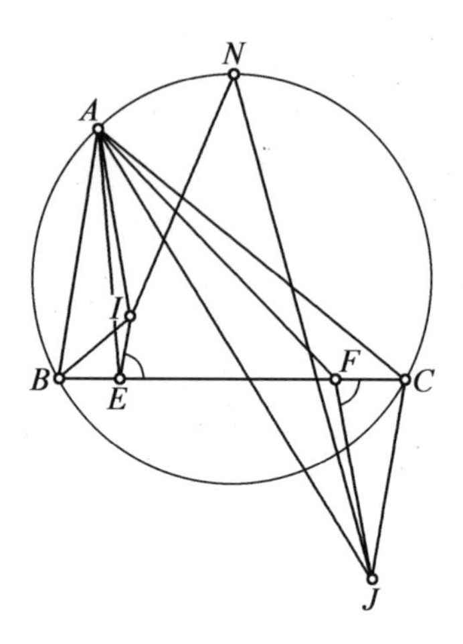

图 11

九、与两个各互补三角形外心、内心连线交点相关的问题

如图 12，D 在 BC 上，$I, J; I', J'$ 分别为 $\triangle ABD$，$\triangle ACD$ 的内心、旁心，O, O' 分别为 $\triangle AID$，$\triangle AI'D$ 的外心，IO' 交 $I'O$ 于 P，则 $PD \perp BC$（十五 -3）.

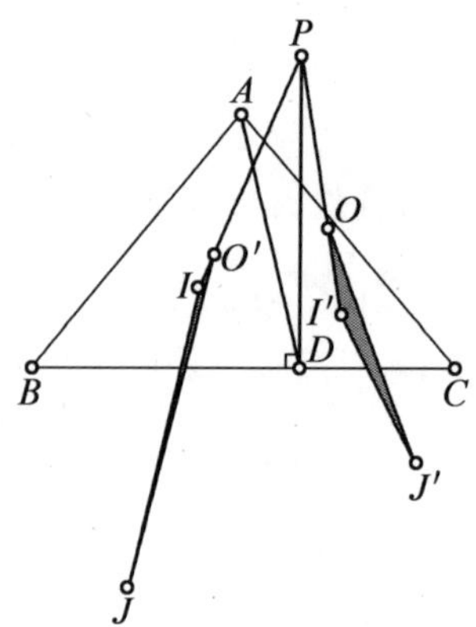

图 12

当 ABC 为正三角形时：

(1)P 的轨迹为双曲线(十五－1)；

(2)$\triangle O'IJ$，$\triangle OI'J'$的面积相等(十五－2).

十、圆上动点与四定点形成两个三角形内心有关的问题

如图 13，$ABCD$ 为圆 O 上的定点，P 是不含 CD 的弧 AB 上的动点，T，S 为$\triangle PAD$，$\triangle PBC$ 的内心.

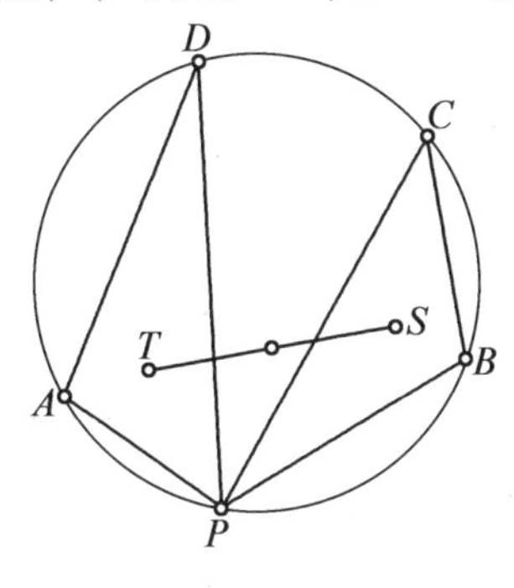

图 13

(1)$\triangle PTS$ 外接圆过圆 O 上的定点(十－1)；

(2)TS 中点在某个定圆上运动(十七－1)；

(3)若 CD 重合时，除了上述两个性质外，以 ST 为直径的圆过定点(三－4，九－1)；

(4)若 P，Q 均在圆上且 PQ 长度为定值，T，S 为$\triangle PAD$，$\triangle QBC$ 的内心，则 TS 的中点依然在某个定圆上运动(北京十一学校学生崔云彤的推广).

十一、垂足与内心连线夹角的问题

如图 14，$\triangle ABC$ 的内心为 I，AI 交其外接圆于 D，

M,N 为 AC,AB 的中点，E,F 在 AC,AB 上，且 $BE/\!/IM$，$CF/\!/IN$，过 I 作 EF 的平行线交 BC 于 P. $AL\perp BC$，LI 交 EF 于 K，AD 交 EF，BC 于 T,Y.

(1) $PD\perp AD$（六 -2，十二 -2）；

(2) T,K,Y,L 共圆（五 -5，十二 -1）.

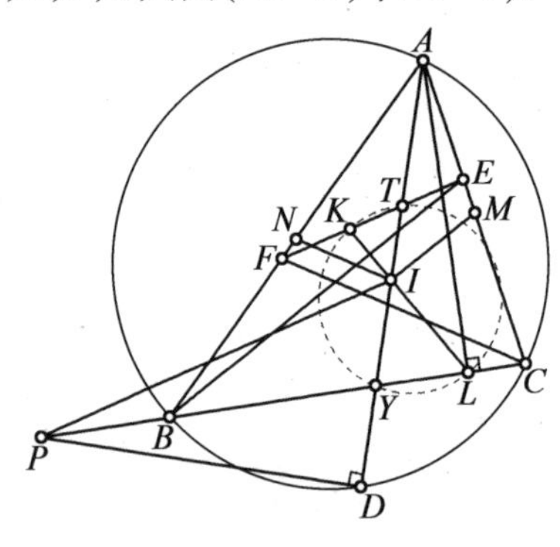

图 14

十二、一个角为 60°的三角形的性质与判断

如图 15，设 $\triangle ABC$ 外接圆 O 半径为 R，内心为 I，$\angle B=60°$，$\angle A<\angle C$，$\angle A$ 外角平分线交圆 O 于 E.

(1) $IO=AE$，且 $2R<IO+IA+IC<(1+\sqrt{3})R$（三 $-$ 1）；

(2) 若 F 在圆 O 上，弦 AC 为 OF 的中垂线，BG 为直径，K 为弧 FG 的中点，I 在 BF 上，且 $FK/\!/IO$，则 I 为 $\triangle ABC$ 的内心（四 -2）；

(3) 若 J 为 $\triangle ABC$ 的旁心，AJ 交圆 O 于 T，V 在 AC 上，且 $CV=CB$，则 $4\angle TVJ=\angle BCA+BAC$（五 -4）. 反之亦然.

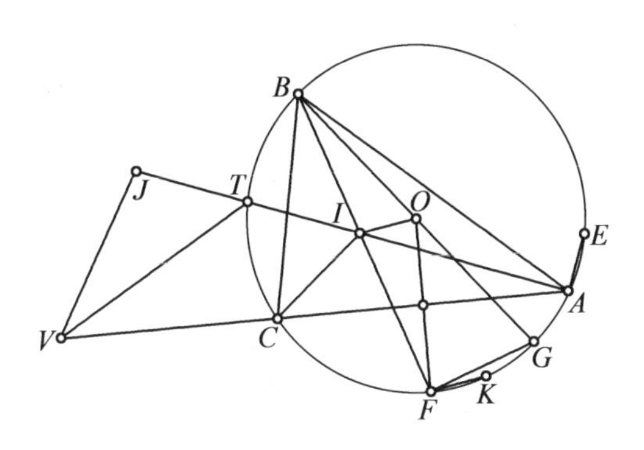

图 15

十三、外接圆与旁切圆半径比

如图 16，O，I 分别为 $\triangle ABC$ 的外心和内心，AD 是 BC 边上的高，OI 交线段 AD 于点 K. $\triangle ABC$ 的外接圆半径与 BC 边上的旁切圆半径为 R，r，求证：

(1) $R:r = AK:AD$（七 −5）；

(2) 当点 K，D 重合时，$R = r$（三 −2）.

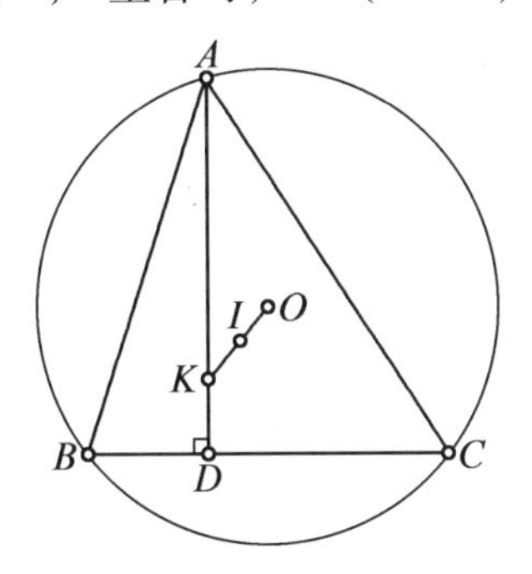

图 16

这篇最后的总结文章有些读者可能觉得枯燥无味，不过我觉得"此中有真意，欲辨已忘言". 这里面还隐藏着许多有趣的性质，我也重新发现了一些新的结论.

附　　录

附录1　2018年全国高中数学联赛几何题的解法研究及推广

我将针对2017年全国高中数学联赛几何题系统总结本人接触到及想到的所有思路和解法,对各种解法对比总结,并对此题进行推广.

如图1,$\triangle ABC$为锐角三角形,$AB<AC$,点M为边BC的中点,点D和E分别为$\triangle ABC$的外接圆上弧BAC和弧BC的中点,点F为内切圆在边AB上的切点,点G为AE与BC的交点,N在线段EF上,满足$NB\perp AB$.证明:若$BN=EM$,则$DF\perp FG$.

本题有7种证法:设$\triangle ABC$的外心为O,其内心为I,显然E,M,O,D共线,且D,A,G,M共圆,因此欲证$DF\perp FG$,即证点F在此圆上,只需证明点F与四点中任意三点共圆即可.

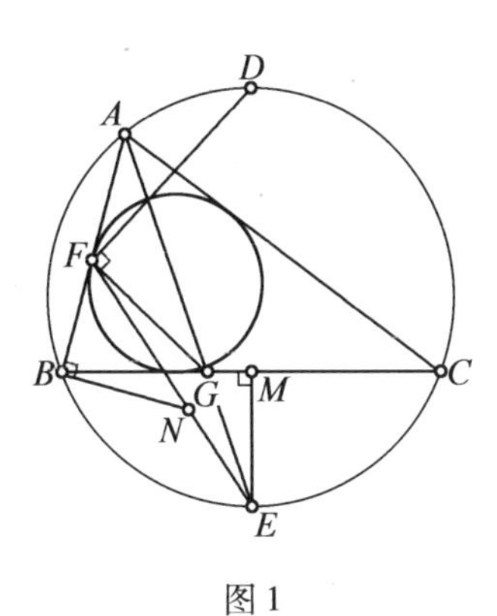

图 1

思路 1　倒比例.

证法 1　如图 2,作 $ET \perp AB$ 于 T,则 $\triangle ATE \backsim \triangle CME$,$IF /\!/ ET$,$EI = EC$,$\triangle ABG \backsim \triangle AEC$,故

$$BF = BN\frac{FT}{ET} = EM\frac{AT}{ET}\frac{IE}{AE} = EM\frac{CM}{EM}\frac{CE}{AE} = BM\frac{BG}{AB}$$

即 $BA \cdot BF = BM \cdot BG$,则 A,F,G,M 四点共圆,又显然 D,A,G,M 四点共圆,则 A,F,G,M,D 五点共圆,则 $DF \perp FG$.

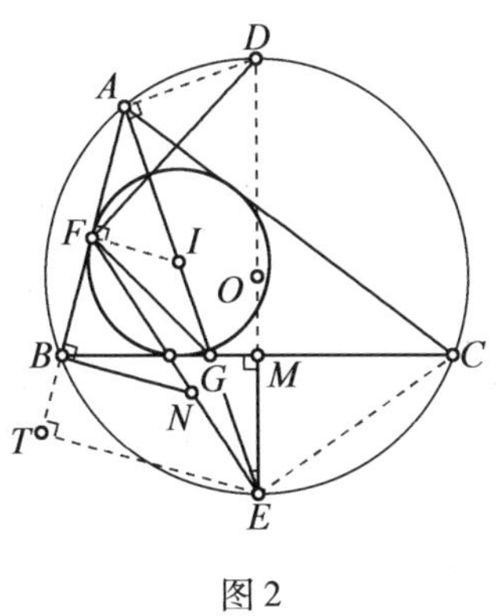

图 2

思路2 得到$\triangle EBN\cong\triangle IEM$，再得到$I,F,E,M$四点共圆.

证法2 如图3，作出I. 由内心性质(鸡爪定理)得$EB=EI$，A,G,M,D共圆，$\angle ABE=\angle AGC$. 故$\angle EBN=\angle MEI$.

由

$$BN=EM,EB=EI$$

得

$$\triangle EBN\cong\triangle IEM(\text{SAS})$$

又$IF/\!/BN$，则

$$\angle IMD=\angle BNF=\angle IFE$$

从而I,F,E,M四点共圆.

则

$$\angle AFM=90^\circ+\angle IFM=90^\circ+\angle IEM=\angle AGM$$

故A,F,G,M四点共圆.

由D,A,F,G,M五点共圆得$DF\perp FG$.

若设$\triangle ABC$边角为a,b,c,A,B,C. 容易算出

$$BF=\frac{a+c-b}{2},BM=\frac{a}{2},BG=\frac{ac}{b+c}$$

欲证A,F,G,M四点共圆，需证$BF\cdot BA=BG\cdot BM$，即证

$$\frac{a+c-b}{2}c=\frac{a}{2}\ \frac{ac}{b+c}$$

即证

$$ab+ac=a^2+b^2-c^2 \qquad (*)$$

下述证法都能得到式(*).

图 3

思路 3　先得到$\triangle FBE \backsim \triangle MGI$,然后计算.

证法 3　由证法 2 得$\triangle EBN \cong \triangle IEM$,则

$$\triangle EBF \backsim \triangle IGM$$

$$\frac{GM}{FB}=\frac{IG}{EB}=1-\frac{GE}{EB}=1-\frac{GC}{AC}=1-\frac{a}{b+c}$$

$$\frac{\frac{a}{2}-\frac{ac}{b+c}}{\frac{a+c-b}{2}}=1-\frac{a}{b+c}$$

化简即得式(*).

思路 4　作出$\triangle TBN \cong \triangle CME$.

证法 4　如图 4,作 $NT /\!/ AE$,则$\angle BTN=\angle BAE=\angle BCE$,又 $BN=EM$,则 $NT=EC$,且 $BT=BM$,从而得到

$$TF=BT-BF=\frac{a}{2}-\frac{a+c-b}{2}=\frac{b-c}{2}, FA=\frac{b+c-a}{2}$$

又

$$\frac{FT}{FA}=\frac{NT}{EA}=\frac{CE}{EA}=\frac{BG}{BA}$$

即

$$\frac{b-c}{b+c-a}=\frac{a}{b+c}$$

化简即得式(*).

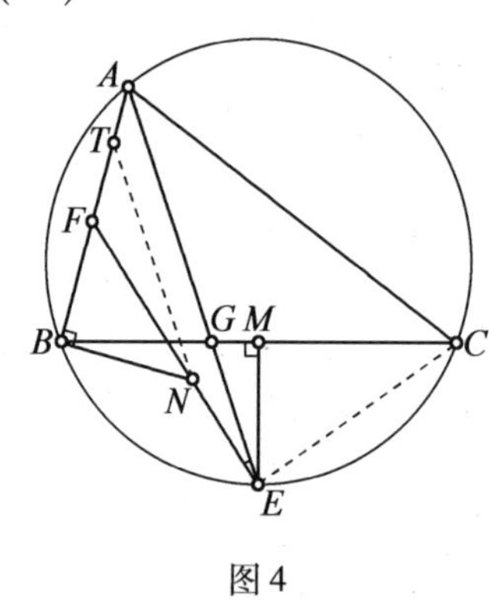

图 4

思路 5 如图 5,作出 $\triangle N'BN \cong \triangle GEM$.

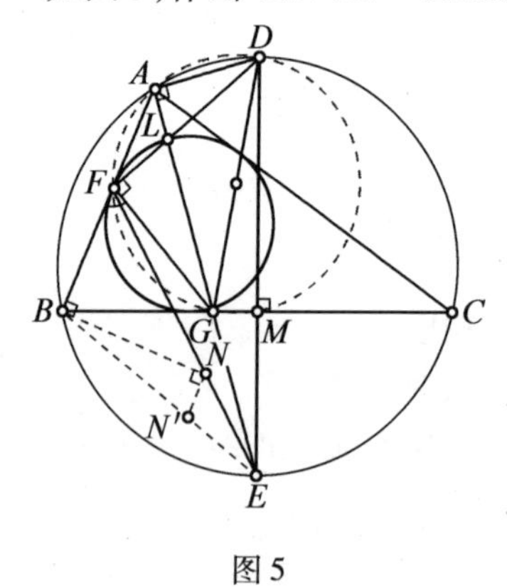

图 5

证法 5 如图 5,作 $N'N \perp BN$,N'在 BE 上,同上有 $\angle NBN' = \angle MEG$,则

$$\triangle NBN' \cong \triangle MEG(\text{ASA})$$

故

$$NN' = MG, NN' /\!/ AB$$

$$\frac{NN'}{BF} = \frac{EN'}{BE}$$

$$\frac{MG}{BF} = \frac{EB - EG}{BE}$$

$$\frac{\frac{a}{2} - \frac{ac}{b+c}}{\frac{a+c-b}{2}} = 1 - \frac{a}{b+c}$$

化简即得式(*).

思路6　作$\triangle BNF \cong \triangle MEX$.

证法6　如图6,在线段MC上作$MX = BF$,则

$$\triangle BNF \cong \triangle MEX(\text{SAS})$$

故

$$\angle BFN = \angle MXE$$

又

$$\angle FAE = \angle XCE$$

故

$$\triangle FAE \backsim \triangle XCE$$

则

$$XC/AF = EC/EA = BG/BA = a/(b+c)$$

$$\frac{XC}{AF} = \frac{EC}{EA} = \frac{BG}{BA} = \frac{a}{b+c}$$

$$\frac{\frac{a}{2} - \frac{a+c-b}{2}}{\frac{b+c-a}{2}} = \frac{a}{b+c}$$

化简即得式(*).

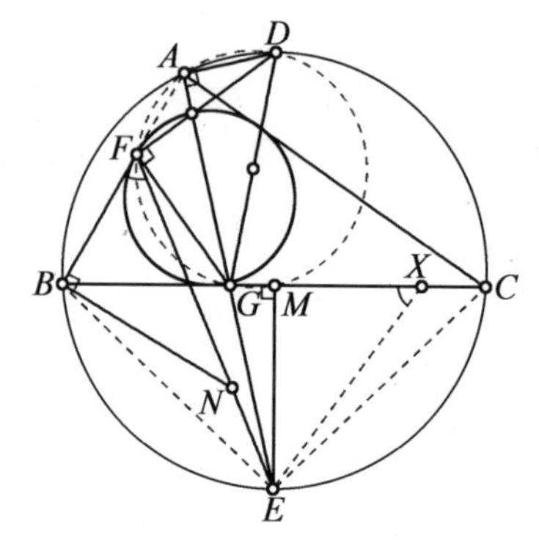

图 6

思路 7 直接三角计算.

证法 7 如图 7,设$\angle BFN=\theta$,则

$$\cot\theta=\frac{BF}{BN}=\frac{BF}{EM}=\frac{BF}{BE\sin\frac{A}{2}}$$

$$\frac{AF}{AE}=\frac{\sin(\theta-\frac{A}{2})}{\sin\theta}=\cos\frac{A}{2}-\sin\frac{A}{2}\cot\theta$$

$$=\cos\frac{A}{2}-\frac{BF}{BE}$$

及

$$AE=2R\sin(B+\frac{A}{2}),BE=2R\sin\frac{A}{2}$$

$$AF=4R\cos\frac{A}{2}\sin\frac{B}{2}\sin\frac{C}{2}$$

$$BF=4R\sin\frac{A}{2}\cos\frac{B}{2}\sin\frac{C}{2}$$

故

$$\frac{2\cos\frac{A}{2}\sin\frac{B}{2}\sin\frac{C}{2}}{\sin(B+\frac{A}{2})}+2\cos\frac{B}{2}\sin\frac{C}{2}=\cos\frac{A}{2}$$

$$2\sin\frac{C}{2}(\sin\frac{A+B}{2}+\sin\frac{B-A}{2}+\sin\frac{A+3B}{2}+\sin\frac{A+B}{2})$$
$$=\sin(A+B)+\sin B$$

$$2\sin C+4\sin\frac{C}{2}\sin B\cos\frac{A+B}{2}=\sin C+\sin B$$

$$2\sin B\cos C=\sin C+\sin B$$

由正弦定理,式(＊)化简即得上式.

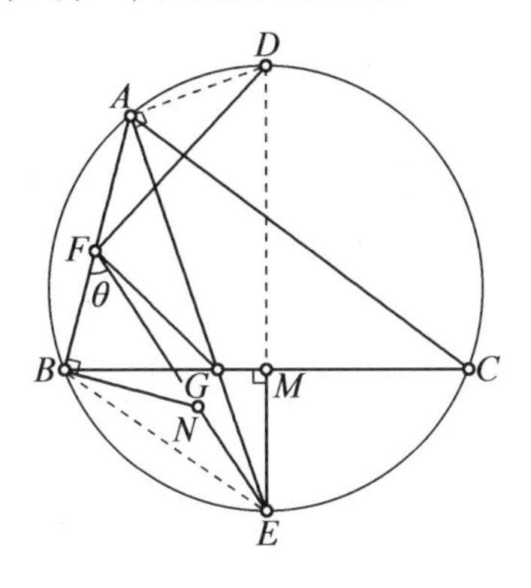

图7

总结:此题显然从结果入手比较容易,设圆心为 O,显然 E,M,O,D 四点共线,且 D,A,G,M 四点共圆,因此,欲证 $DF\perp FG$,即证 F 在此圆上,只需证明 F 与四点中任意三点共圆即可. 但是考虑到图形特征,基本上证明 A,F,G,M 四点共圆比较靠谱,其他证明要么过于复杂无法完成,要么会绕弯路,最终还会回到 A,F,G,M 四点共圆或上述恒等式上来.

欲证 A,F,G,M 四点共圆,要么直接导出此四边形的边角关系,如证法 1,2,简洁明了;要么得到$\triangle ABC$边角关系式(*),如后 5 种证法.

当然还有一种证明思路,证明$\triangle FBD\backsim\triangle GDE$.

$$\frac{BF}{EG}=\frac{BD}{ED}=\cos\frac{A}{2}$$

$$BF=4R\sin\frac{A}{2}\cos\frac{B}{2}\sin\frac{C}{2}$$

$$EG=\frac{EM}{\cos\frac{B-C}{2}}=\frac{2R\sin^2\frac{A}{2}}{\cos\frac{B-C}{2}}$$

从而需证

$$\frac{4R\sin\frac{A}{2}\cos\frac{B}{2}\sin\frac{C}{2}\cos\frac{B-C}{2}}{2R\sin^2\frac{A}{2}}=\cos\frac{A}{2}$$

$$4\cos\frac{B}{2}\sin\frac{C}{2}\cos\frac{B-C}{2}=\sin A$$

$$2\cos\frac{B-C}{2}\left(\sin\frac{C+B}{2}+\sin\frac{C-B}{2}\right)=\sin(B+C)$$

$$\sin B+\sin C=\sin(B+C)+\sin(B-C)$$

$$\sin B+\sin C=2\sin B\cos C$$

由正弦定理,式(*)化简即得上式.

其实还可以分析证明$\triangle FAD\backsim\triangle FIG$,只是过程稍微复杂一点. 但要注意的是上述两种证法还要再回到前五种证明中去证明关系式(*)成立.

这样上述后 5 种证法都可与证法 1,2 组合成"新"的证明,因此从上述解法中可以得到几十种解法了. 不再赘述.

本题入手的关键是如何利用条件 $BN=EM$，要么作出垂直如法 1，要么得到全等三角形如证法 2，要么强行构造全等三角形如证法 3，4，5，6，要么直接计算如证法 7. 当然如果要用纯几何方法，不使用计算，则必须作出内心，如证法 1，2；不过不作出内心，一般需要得到 ABC 的边角恒等式. 如后 5 种证法.

当然应该还有其他解法，整体而言，上述证法中，证法 1 应该是最简洁的，而证法 7 应该是最不需要动脑筋的，因为没有添加辅助线，只是三角计算.

下面看本题的图形应该满足的条件及如何用尺规作出来.

由上述恒等式可以得到 $c=b(2\cos C-1)$，而 $c\geqslant b\sin C$，故

$$2\cos C-\sin C\geqslant 1$$

从而得到

$$C\leqslant \arctan\frac{3}{4}$$

下面由确定的 C 和 b 即可得到 c，从而作出准确图形.

最后，根据证法 1，可以将此题推广如下：

如图 8，$\triangle ABC$ 中，点 M 为边 BC 的中点，点 D 和 E 分别为 $\triangle ABC$ 的外接圆上弧 BAC 和弧 BC 的中点，F 为内切圆在 AB 边上的切点，G 为 AE 与 BC 的交点，Z 在线段 AB 上，$NZ /\!/ EF$，$NB\perp AB$，证明：若 $BN=EM$，则 $DZ\perp ZG$. 此题为“金磊讲几何构型”公众号第 10 期征解问题，当 Z 与 F 两点重合时即为 2018 年全

国高中数学联赛加试第二题.

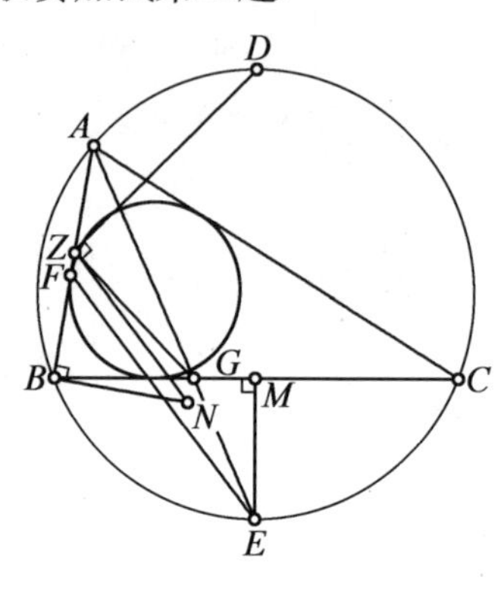

图 8

证明 如图 9,作 $ET\perp AB$ 于 T,则

$$\triangle ZBN\backsim\triangle FTE,\triangle ATE\backsim\triangle CME$$

$$IF/\!/ET,EI=EC,\triangle ABG\backsim\triangle AEC$$

$$BZ=BN\frac{FT}{ET}=EM\frac{AT}{ET}\frac{IE}{AE}=EM\frac{CM}{EM}\frac{CE}{AE}=BM\frac{BG}{AB}$$

即

$$BA\cdot BZ=BM\cdot BG$$

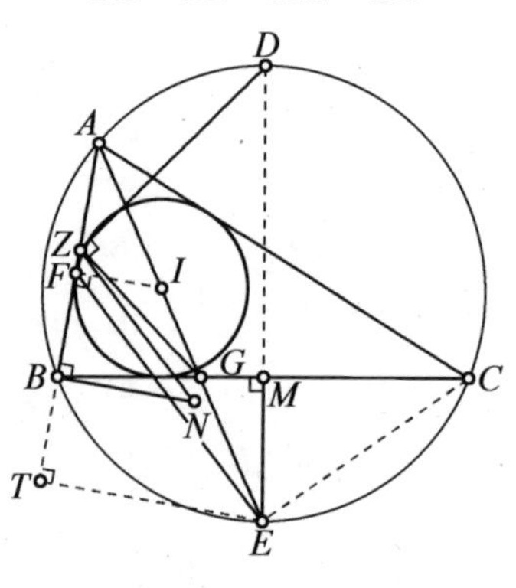

图 9

则 A,Z,G,M 四点共圆,又显然 D,A,G,M 四点共圆,则 A,Z,G,M,D 五点共圆,则 $DZ\perp ZG$.

本期征解问题仅收到北京人大附中早培班的贾维宸同学的解答,他是计算得到的.

不难发现上述证明完全脱胎于证法 1,所以说明证法 1 是最简洁而接近本质的. 当然也可以考虑类比剩下的六种方法,应该也是可行的,不过应该要比原来的证明复杂不少. 本证明还可以继续推广,本文只是抛砖引玉,有兴趣的读者可以对其进一步研究.

附录 2　用鸡爪结构解 2019 年欧洲女子数学奥林匹克第 3 题

受 2002 年开始的中国女子数学奥林匹克的启发,欧洲于 2012 年开始每年举行一届欧洲女子数学奥林匹克. 考试形式和国际数学奥林匹克类似,分两天考,每天 4.5 小时,每天考 3 道题. 此项赛事很受欢迎,和中国女子数学奥林匹克一样,对女生参与数学有很大的鼓舞作用. 鉴于当今世界女数学家和女科学家比较少,感觉整体上女性的数学较男性弱,我在公众号“金磊讲几何构型”的《2018 年中国女子数学奥林匹克第 8 题的解答——含有 60°角的三角形的性质与判定之一》一文中说过我对此问题的看法,这里不再赘述. 欧洲女子数学奥林匹克题目难度中等,适合中级水平的竞赛学生训练和学习.

2019 年欧洲女子数学奥林匹克于 4 月 9 日到 4

月 10 日在乌克兰举行. 包括美国在内的 51 个国家和地区的代表队参加了此项赛事. 6 道题目中共有第 3 和第 4 两道几何题,下文将展示竞赛第一天最难的最后一道几何题第 3 题及我的两个解题思路.

已知:如图 1, $\triangle ABC$ 中, $\angle BAC > \angle ABC$, I 为其内心,点 D 在线段 BC 上且 $\angle CAD = \angle ABC$,过点 I 作与 CA 切于点 A 的圆并与 $\triangle ABC$ 外接圆交于 A, X 两点,求证: $\angle BXC$, $\angle BAD$ 角平分线交点在 BC 上.

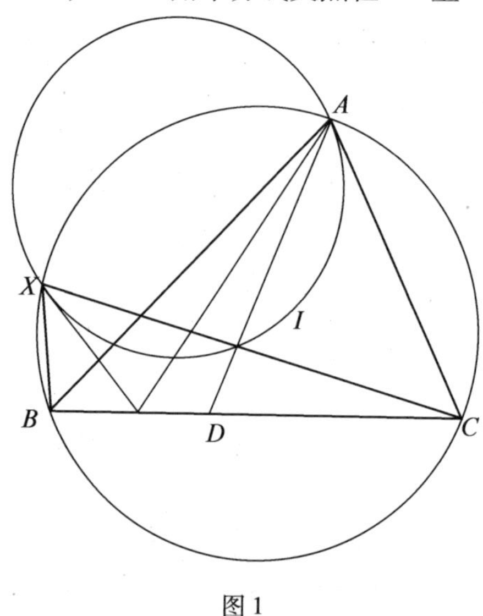

图 1

思路 1 消点,最后适当计算. 如图 2,设 $\angle BAD$ 角平分线交 BC 于点 E, $\angle XCB = \angle 1$, $\triangle ABC$ 三个内角、三边分别为 $2A, 2B, 2C, a, b, c$,容易倒角得到 $CE = AC$,从而,原结论即证 EX 平分 $\angle BXC \Leftrightarrow XB : XC = EB : EC \Leftrightarrow XB : XC = (a-b) : b$.

从而消去点 E, D,得到图 3.

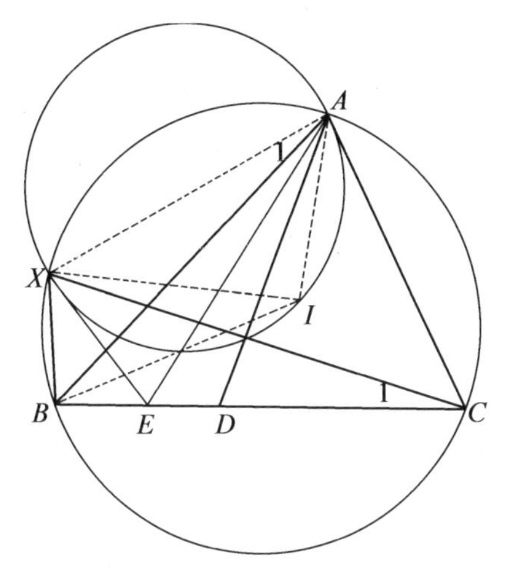

图 2

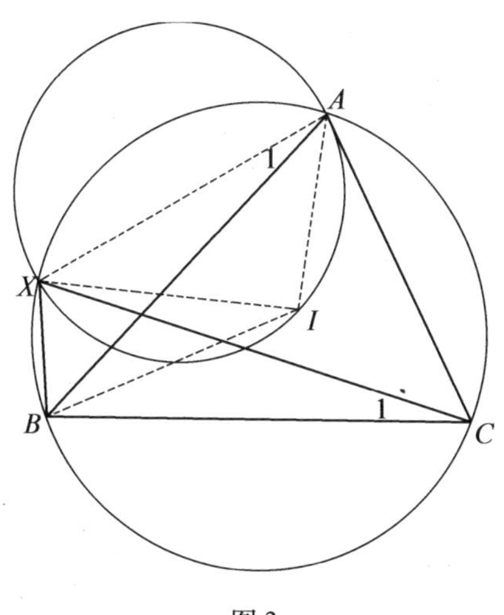

图 3

上式⇔$\sin 1 : \sin(\angle 1 + 2A) = (\sin 2A - \sin 2B) : \sin 2B$ (1)

在$\triangle AXI$中,利用正弦定理得到$\angle 1$的等式,由此说明式(1)成立即可.

证法1 $\triangle ABI$中由正弦定理得

$$AI = c\sin B : \sin(90^\circ + C) = c\sin B : \cos C$$

由相切得$\angle AXI = A$,故

$$\begin{aligned}\sin A : \sin(\angle 1 + 2A) &= AI : AX = c\sin B : (AX\cos C)\\ &= \sin 2C\sin B : (\sin(2C - 1)\cos C)\\ &= 2\sin C\sin B : \sin(2C - 1)\\ &= 2\sin C\sin B : \sin(2A + 1 + 2B)\end{aligned}$$

令$\theta = \angle 1 + 2A$,上式即为

$$\begin{aligned}2\sin C\sin B : \sin A &= \sin(\theta + 2B) : \sin\theta\\ &= \cos 2B + \sin 2B\cot\theta\end{aligned}$$

故

$$\sin 2A\sin 2B\cot\theta = 4\sin C\sin B\cos A - \sin 2A\cos 2B \tag{2}$$

需证结果式(1)即为

$$\begin{aligned}(\sin 2A - \sin 2B) : \sin 2B &= \sin(\theta - 2A) : \sin\theta\\ &= \cos 2A - \sin 2A\cot\theta\end{aligned}$$

即

$$\sin 2A\sin 2B\cot\theta = \sin 2B\cos 2A + \sin 2B - \sin 2A$$

从而只需证明

$$\begin{aligned}&4\sin C\sin B\cos A - \sin 2A\cos 2B\\ = &\sin 2B\cos 2A + \sin 2B - \sin 2A\end{aligned}$$

即证

$$4\sin C\sin B\cos A - \sin 2C = \sin 2B - \sin 2A$$

即证

$$\begin{aligned}&2\sin C(2\sin B\cos A - \cos C)\\ = &2\sin(B - A)\cos(B + A)\end{aligned}$$

即证

$$2\sin C\sin(B-A)=2\sin C\sin(B-A)$$

显然成立，从而结果得证.

思路2　纯几何. 看到内心和外接圆及角平分线自然想到鸡爪结构，如图4，作出南极点 S，则 XS 平分 $\angle BXC$，只需证明 AE 为 $\angle BAD$ 平分线即可. 从而需要研究清楚由点 X 决定的点 E 的性质.

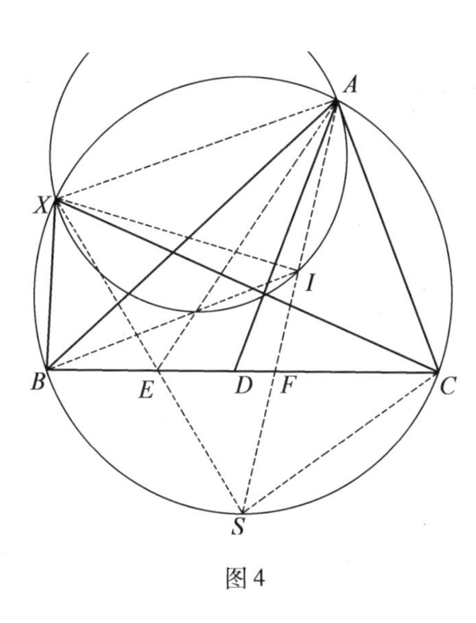

图4

由鸡爪构型易得 X,E,F,A 四点共圆，但这还不够. 由相切知 $\angle AXI=\angle SAC=\angle SXB$，又 $\angle XAI=\angle XEB$，则 $\triangle XBE\backsim\triangle XIA$，这个应该就够说清楚点 E 了. 这是经典的共点的顺相似三角形（俗称手拉手模型）问题，由相似是成双的知 $\triangle XBI\backsim\triangle XEA$，则 $\angle XEA=\angle XBI$.

从而

$$\angle AEC = 180^\circ - \angle XEA - \angle XEB = 180^\circ - \angle XBI - \angle XAI$$
$$= \frac{1}{2}(\angle A + \angle B)$$

下面算出$\angle BAE$，$\angle DAE$即可得证.

证法2 如图5，设$\triangle ABC$的三个内角为A，B，C，AI交外接圆于点S，XS交BC于点E，联结SC，AE，BI，AX，则

$$\angle AFC = \angle BAS + \angle ABC = \angle CAS + \angle ASC$$
$$= 180^\circ - \angle ACS = \angle AXS$$

故X，E，F，A四点共圆，则$\angle XAI = \angle XEB$.

由CA为切线知

$$\angle AXI = \angle SAC = \angle SAB = \angle SXB$$

则

$$\triangle XBE \backsim \triangle XIA$$

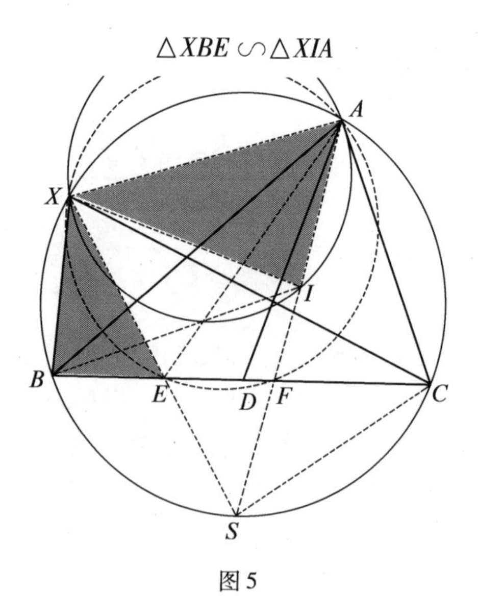

图5

故

$$XB:XE = XI:XA,\ \angle BXI = \angle EXA$$

故$\triangle XBI \backsim \triangle XEA$，则$\angle XEA = \angle XBI$，从而

$$\begin{aligned}\angle AEC &= 180^\circ - \angle XEA - \angle XEB\\ &= 180^\circ - \angle XBI - \angle XAI\\ &= \frac{1}{2}(\angle A + \angle B)\end{aligned}$$

故

$$\angle BAE = \angle AEC - \angle B = \frac{1}{2}(\angle A - \angle B)$$

又由$\angle CAD = \angle B$知

$$\angle BAD = \angle A - \angle B = 2\angle BAE$$

故AE为$\angle BAD$角平分线，即$\angle BXC$，$\angle BAD$角平分线交点在BC上.

上述两种解法是本人解决此题的两个思路. 思路1基本想法是消点加计算，是本人最开始的思路，应该是最自然的想法，而且成功证明把握比较大，因为最终不外乎三角变形. 美中不足之处一个是相对缺乏美感，没有挖掘出几何性质，还有一个是三角计算还是有点难度，需要有耐心和毅力计算完，并保证过程中没有错误.

思路2是利用鸡爪结构，挖掘出点X及点E的性质，得到共点的顺相似基本就完成了证明. 解答相对比较漂亮，主要就是相似和倒角，这是平面几何的基本功，也是最重要的能力，是几何中一以贯之的. 希望初学者仔细体会.

当然，对此题估计很多人都会有不同的思路和解法，不过最终应该会殊途同归，解决此题不外乎上面两条思路，要么计算，要么倒角相似.

本图形中还蕴藏着很多几何性质，AD 与 CX 的交点，AE 与 BI 的交点都在小圆上. A,I,E,B 共圆，且此圆即为点 C 所对的鸡爪圆. X,B,F,I 共圆，等等. 这些性质证明都不难，也都是值得挖掘的. 不过因为上述证明中不需要这些性质，所以就没有一一列举出来.

附录3　对圆外切完全四边形密克点一个性质的探究

春节前夕合肥的韩建星问了我一个问题：如图1，$ABCD$ 是圆 I 的外切四边形，AB 交 CD 于 E，$\triangle EBC$ 及 $\triangle AED$ 外接圆交于 M. 求证：$\angle BMI=\angle DMI$.

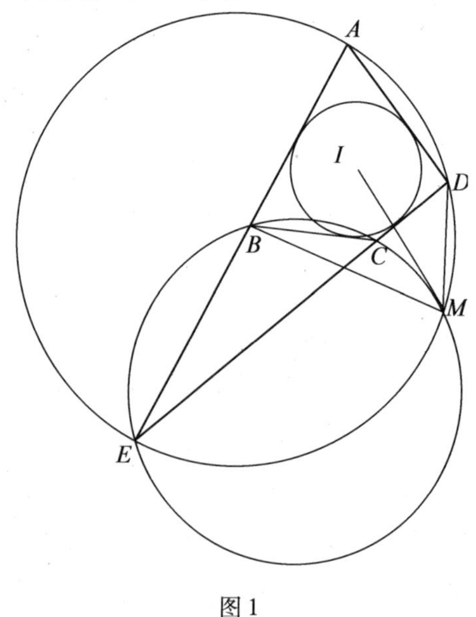

图1

他说这是他在研究前几年中国台湾或者香港数学奥林匹克一个题时得到的结论，他感觉这个结论应该是已知的，不过查了一些资料也没有找到．他首先通过反演证明了该问题，又找到了一个巧妙的几何证明．他让我看看有没有其他的证明．

这个结论我以前好像没有见过，感觉很精妙．画出准确图形如图 2.

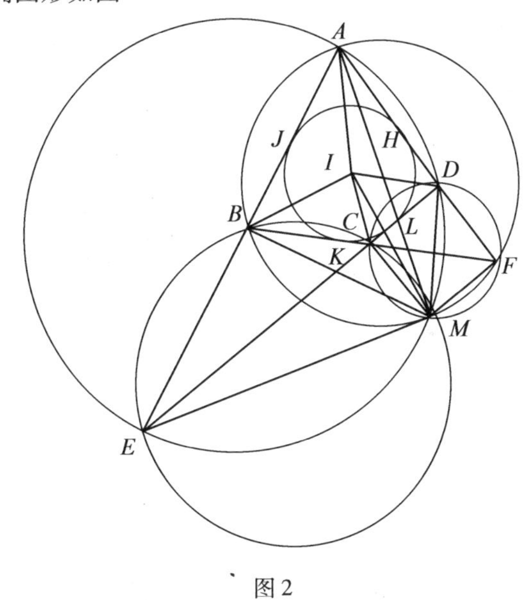

图 2

先把完全四边形图形补全，设 AD 交 BC 于点 F. 由倒角即可得密克点 M 基本性质：四个外接圆都过点 M，且有 6 对顺相似三角形 $\triangle MAB \backsim \triangle MDC$ 等，即点 M 为“对节”的相似不动点.

$\angle BMC = \angle AMD$, $\angle BME = \angle FMD$, $MA \cdot MC = MB \cdot MD = ME \cdot MF$，这些性质都是显然的．即只要能

证明 MI 平分对顶点与点 M 形成的三个角 $\angle AMC$，$\angle BMD$，$\angle EMF$ 中的一个，就能证明另两个了. 例如，我们集中证明 $\angle AMI=\angle CMI$. 还是挺难的，特别是 MI 这条线很难描述，$\angle AMI$ 和 $\angle CMI$ 这两个角也没法表示和转化. 结论能否加强呢？我突然发现 $\triangle MAI\backsim\triangle MIC$，即 $MA\cdot MC=MI^2$. 到了这里，感觉还是不行，因为 $ABCD$ 有内切圆 I 这个条件很难用. 我对圆外切四边形也不是很熟悉，我又尝试了一下，发现还是难窥门径. 那段时间一直很忙，我就将此题搁置了. 不过遇到不会做的难题，我喜欢自己独立思考，反正对我而言题目不会做也没有关系，我也不需要考试. 我就和韩老师说让我回去想想，先不要告诉我他的解答.

后面一直很忙，断断续续做了一下，难点在于圆外切非常难用. 刚开始我尝试使用牛顿定理，但以失败告终.

然后我尝试消点，希望通过计算角度和比例消去点 M，需要证明 $\triangle MAI\backsim\triangle MIC$，$\angle AMI$ 和 $\angle CMI$ 难以表示，正难则反，考察剩余角，如图 3，设 $ABCD$ 四个角为 A，B，C，D，易得

$$\angle AIC=B+\frac{1}{2}A+\frac{1}{2}C$$

$$\begin{aligned}\angle ICM+\angle IAM&=\frac{1}{2}C+\angle ABM+\angle IAM\\&=\frac{1}{2}C+B+\angle DAM+\angle IAM\\&=\frac{1}{2}C+B+\frac{1}{2}A=\angle AIC\end{aligned}$$

图 3

从而还需要一个比例等式.

若$\triangle ICM \backsim \triangle AIM$,则

$$MC/MA=(MC/MI)(MI/MA)=(CI/IA)^2$$

同理

$$MB/MD=(BI/ID)^2$$

相乘得

$$\begin{aligned}((CI\cdot BI)/(IA\cdot ID))^2&=(MC\cdot MB)/(MA\cdot MD)\\&=(CB/DA)^2\end{aligned}$$

从而需证

$$(CI\cdot BI)/(IA\cdot ID)=CB/DA$$

这样消去了点 M,得到图 4,基本上就显而易见了.

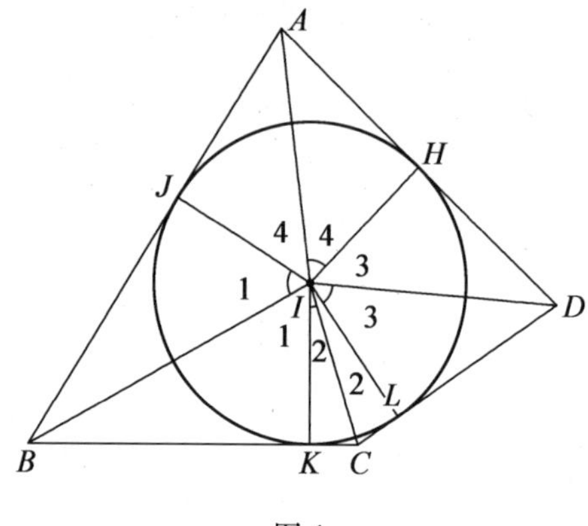

图 4

可以设半径为 r，设 4 对等角分别为 1，2，3，4，则 $\angle 1+\angle 2+\angle 3+\angle 4=180°$，容易用 r 及三角函数表示出 IA，IB，IC，ID 及 BC，AD，代入欲证结果由合角公式显然成立.

当然也可以用面积法，用 $[ABC]$ 表示 $\triangle ABC$ 面积. 则

$$(CI\cdot BI)/(IA\cdot ID)=\frac{CI\cdot BI\cdot\sin(\angle 1+\angle 2)}{IA\cdot ID\cdot\sin(\angle 3+\angle 4)}$$

$$=[CBI]/[DAI]=CB/DA$$

这样就基本完成了证明.

下面回到图 3，已证 $(CI\cdot BI)/(IA\cdot ID)=CB/DA$，从而得到

$$((CI\cdot BI)/(IA\cdot ID))^2=(CB/DA)^2$$

$$=(MC\cdot MB/MA\cdot MD)$$

同理可得

$$(AI\cdot BI/CI\cdot ID)^2=(MA\cdot MB)/(MC\cdot MD)$$

以上两式相除即得

$$MC/MA=(CI/IA)^2$$

由这两个条件即知，若动点 M 满足两个条件，每个条件轨迹都是一个圆，同理对 BD 可得类似结论. 而 M 为这些圆的交点，即为唯一解，从而 $\triangle ICM \backsim \triangle AIM$，即结论成立. 这是本人得到的第一种证明方法.

前几天，姚佳斌老师发布了几个问题，最终还是用到了这个结论，我就关注学习了一下，他是用反演证明的. 顾冬华指出此题还是很常见的，卢圣也有一个反演的证明.

我也就自己思考反演如何证明，因为相切问题用反演合情合理. 如图 5，以圆 I 为基圆，则完全四边形 6 个顶点的反演点即为切点连线的 6 个中点，外接圆反演成相应切点三角形的九点圆. M 变为九点圆交点 M'. 由反演性质知 $OBMM'$，$NDM'M$ 共圆. 若结论成立，则 $\angle IOM' = \angle IMB = \angle IMD = \angle INM'$，只需证明 $IOM'N$ 为平行四边形即可.

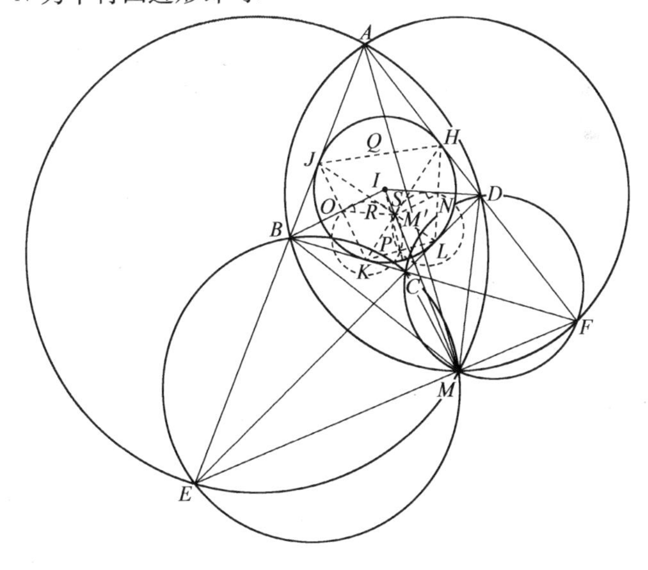

图 5

这样就能消去完全四边形外面的6个点,得到图6,只需证明圆内接四边形的性质.

题目可重新叙述为:如图6,圆I的内接四边形$JKLH$中,六边中点为N,O,P,Q,R,S,圆ORP与圆PMN交于点M',求证:$IRM'S$为平行四边形.

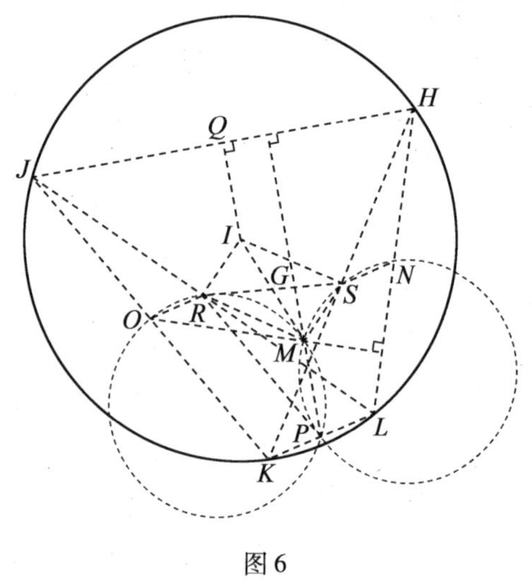

图6

这其实正是公众号"我们爱几何"2018年4月1日的新题快递,作者是郑州一中张甲老师.经过尝试我发现还不太好证明,主要是用两个九点圆交点来描述M'似乎性质不好用.那就先分析挖掘图形性质吧,若$IRM'S$为平行四边形,则由对称性每对对边中点与IM'均构成平行四边形.由垂径定理及平行得每个中点与M'连线均垂直对边.这个性质很好用,因此可描述成M'为M'满足$IRM'S$为平行四边形,则每个中点与M'连线垂直对边,从而$\angle OM'P=180°-\angle JHL=\angle JKL=\angle ORP$,故$O,R,M',P$共圆,同理可得$N,S,M',P$共

圆,故 M' 为两个九点圆交点,故 $IOM'N$ 为平行四边形,从而结论成立.

姚佳斌老师也是反演得到圆内接四边形性质,不过他证明平行四边形是用等角线性质证明的,与我的证法略有区别. 这就得到了第二种证明方法.

在探索此题思路的过程中,因为此图形中有内心和外接圆,我感觉应该可以考虑利用鸡爪定理证明. 为了方便和对称,设 M 为圆 ABF,ADE 交点. 这样就能作出 AI 设其与两圆交点为 S',S,考虑到鸡爪定理的经典结构中的命题2,设 SM 交 DE 于点 N,$S'M$ 交 BF 于点 R,显然 I,N,R,M 共圆,下面只需证明点 C 在此圆上. 经过尝试发现倒角不难得证.

证明　如图7,添加辅助线,由鸡爪定理基本结构知 $\angle INM=\angle SIM=\angle IRM$,即 I,N,R,M 四点共圆.

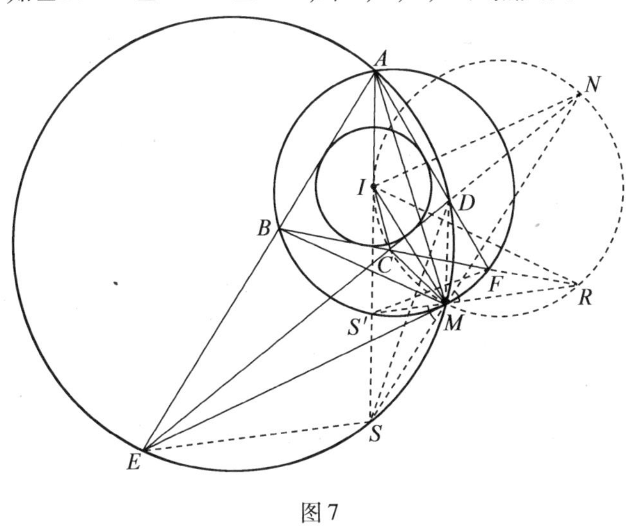

图7

又

$$\begin{aligned}\angle NMR &= \angle AMS - \angle AMS' = \angle ADS - \angle AFS' \\ &= \angle ADE + \angle SAD - \angle AFB - \angle SAD \\ &= \angle DCF\end{aligned}$$

即 C,N,R,M 四点共圆.

则 C,I,N,R,M 五点共圆,且 AI 为此圆切线.

则

$$\angle AIM = \angle ICM$$

同理

$$\angle IAM = \angle CIM$$

故

$$\angle CMI = \angle AMI, \angle BMI = \angle DMI$$

这就得到了第三种证法.

我将此法发布在小群以后,顾冬华指出,他前几天也遇到了这个问题,经过思考,他也得到了一种证法.

证明 如图 8,设 JI 分别再次交圆 ABC、圆 AEF 于点 P,Q,设 AI 分别再次交圆 ABC、圆 AEF 于点 M,N.

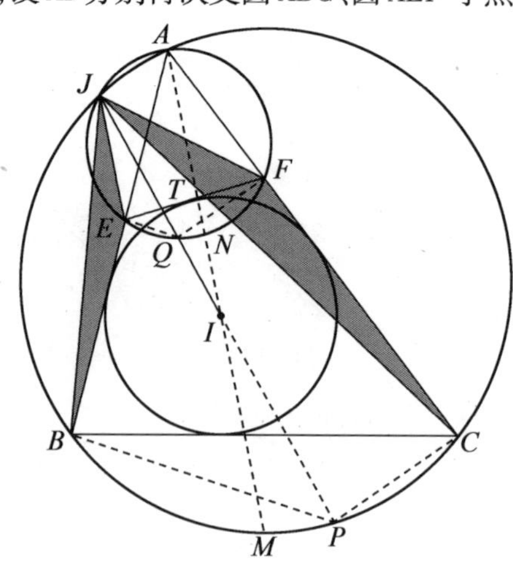

图 8

则

$$QN /\!/ PM \Rightarrow \frac{QN}{PM} = \frac{NI}{MI}$$

由于 I 是 $\triangle ABC$ 的内心，也是 $\triangle AEF$ 的 A 一旁心，因而 $NI = NE, MI = MB$.

又

$$\triangle NEF \backsim \triangle MBC$$

因而

$$\frac{QN}{PM} = \frac{NI}{MI} = \frac{NE}{MB} = \frac{EF}{BC}$$

因而

$$\triangle EQF \backsim \triangle CPB \Rightarrow \angle EJQ = \angle PJC$$

由

$$\triangle JBE \backsim \triangle JCF \Rightarrow \angle BJE = \angle CJF$$

因而 $\angle BJI = \angle FJI$.

拜读以后，我发现他的基本思路是利用了相交两圆的性质及鸡爪定理基本结构的命题 1，非常精妙. 本质而言，他的证明和我上述证明异曲同工，都是利用鸡爪定理解决的. 这就得到了第四种证明方法.

至此我觉得我把这个问题思考得差不多了，可以与韩建星进一步讨论了，我就把上述证法发给了他，他说他的思路第一种反演本质和我的相同，第二种证法是从 2015 年 CMO 第 2 题联想到的，作关于 M 的四条角平分线，交 $ABCD$ 于对应点，这四点共圆且以 I 为圆心. 又易得 $ABCD$ 对边上的交点与 I, M 两点共圆，利用相似得证.

2015 年 CMO 第 2 题为：如图 9，若点 K, L, M, N 在 $ABCD$ 的四条边上且 $AK/KB = AD/BC$, $BL/LC = BA/CD$, $CM/MD = CB/DA$, $DN/NA = DC/AB$, AB 交 CD 于

点 E,AD 交 BC 于点 F,$\triangle CEF$ 内切圆与 CE,CF 切于点 U,V,$\triangle AEF$ 内切圆与 AE,AF 切于点 S,T,求证:若 S,T,U,V 共圆,则 K,L,M,N 四点共圆.

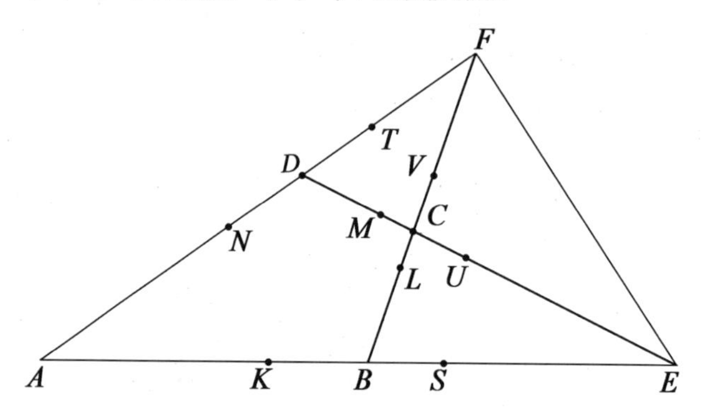

图 9

此题的基本思路是由 S,T,U,V 四点共圆可证 $ABCD$ 有内切圆,进而证明 K,L,M,N 四点共圆即可. 这里略去证明.

按照韩建星的思路,我把图画出来,把他的证明补充还原. 如图 10 所示.

具体证明过程为:

设 $AB=a$,$BC=b$,$CD=c$,$DA=d$,则 $a+c=b+d$. 作出$\angle AMB$,$\angle BMC$,$\angle CMD$,$\angle DMA$ 内角平分线交相应边于 Q,N,O,P 四点.

由密克点性质倒角可得

$$\triangle MBC \backsim \triangle MAD$$

由角平分线定理得

$$AQ/QB=MA/MB=AD/BC=d/b$$

同理可得

$$BN/NC=a/c,CO/OD=b/d,DP/PA=c/a$$

计算得到

$$BQ=ab/(b+d)$$

$$BN=ab/(a+c)=ab/(b+d)=BQ$$

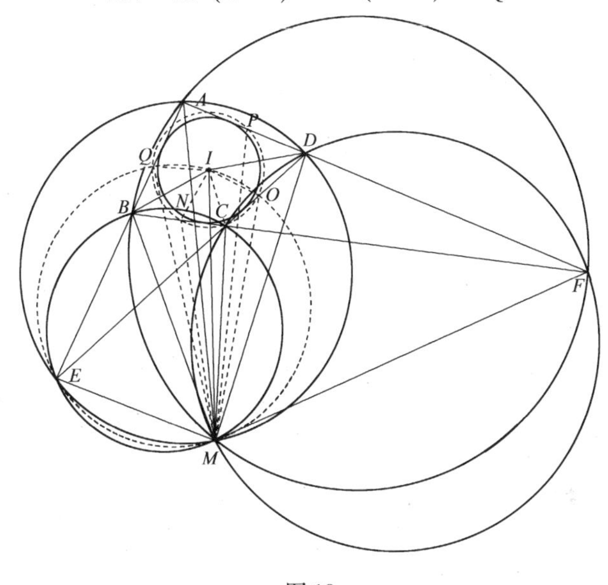

图 10

则

$$IQ=IN$$

同理可得

$$IN=IO=IP$$

即 Q,N,O,P 四点共圆且圆心为 I.

又由 $\triangle MBA\backsim\triangle MCD$，且 Q,O 为相似对应点得

$$\angle BQM=\angle COM$$

即 E,Q,O,M 四点共圆.

又

鸡爪定理

$$\angle QIO = 2\angle BIC = 2(90^\circ - \frac{1}{2}\angle BEC)$$
$$= 180^\circ - \angle BEC$$

故 Q,I,O,E 四点共圆,即 Q,I,O,M,E 五点共圆.
又

$$IQ = IO$$

则

$$\angle QMI = \angle OMI$$

则

$$\angle BMI = \angle DMI$$

他的证明关键巧妙联想到上题,如法炮制即得,正体现了题目之间千丝万缕的联系. 这是第五种证明.

上述五种证明各有千秋,从不同角度反映了此题的本质.

证法 1 消去点 M,思路自然合理,最后得到了圆外切四边形的一个基本性质.

证法 2 使用反演,转化为圆内接四边形九点圆交点 M'(显然四个九点圆都过 M',此点一般称为四边形彭色列点或者欧拉 - 彭色列点)的性质问题,最后转化为圆内接四边形每边中点与 M′连线垂直对边的问题,此结论一般称为康托(Cantor)定理.

证法 2 虽然稍显曲折,不过体现了本题的另一方面的性质和其他问题的联系.

证法 3 和证法 4 都是利用鸡爪定理,对于鸡爪定理熟悉的读者应该不难想象. 此两种证法相对容易理解.

证法 5 另辟蹊径,联想到 2015CMO 第 2 题,利用那个结构解决了本题.

这样一来,这个问题基本考虑清楚了.进一步,趁热打铁,我问韩建星此结论是他做哪个题得到的,根据他的大概记忆,我找到了原题:

(2014 年中国台湾数学奥林匹克训练营第 2 轮第 6 题)如图 11,设 M 为 $\triangle ABC$ 外接圆的弧 BC 上的一点,自点 M 引与 $\triangle ABC$ 的内切圆相切的两条直线,分别与 BC 交于 X,Y 两点.证明:$\triangle MXY$ 外接圆与 $\triangle ABC$ 外接圆的第二个交点为 $\triangle ABC$ 外接圆与 $\angle A$ 所对的伪内切圆的切点.

参考答案是反演做的,和证法 2 有些神似,篇幅比较长,写了将近两页.

我尝试自己独立做了一下.第一个问题是此伪内切圆点 G 如何描述?我想到了前面在鸡爪定理系列中写过曼海姆定理,若弧 BAC 中点为 H,则 HIG 共线.从而本题只需证明 GI 平分 $\angle BGC$ 即可.

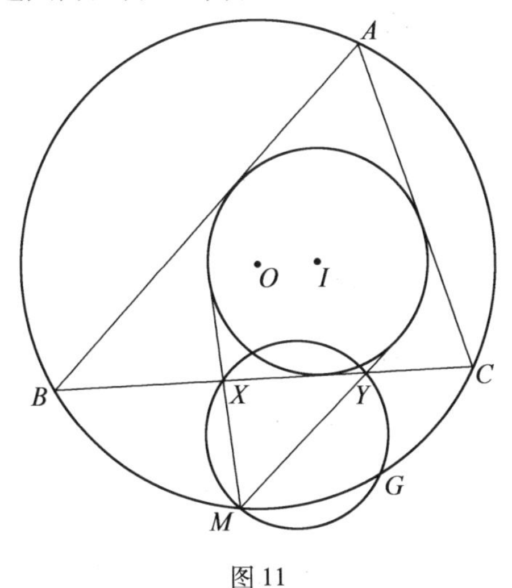

图 11

第二个问题是相切如何利用,一个自然的思路是将切线 MX, MY 延长与大圆相交于 K, L 两点,由欧拉-察柏尔公式逆定理知 KL 与圆 I 相切,这样就可以消去切线 AB, AC. 得到图 12.

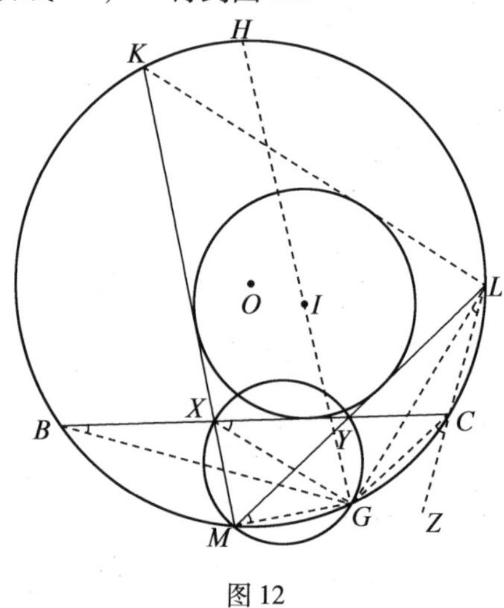

图 12

由共圆知 $\angle GBC=\angle GLC$, $\angle GCZ=\angle GML=\angle GXY$,故 $\angle XGB=\angle CGL$,又由第 1 题的结论知 IG 平分 $\angle XGL$,从而 IG 平分 $\angle BGC$,从而原结论成立.

这样,这个系列问题基本可以告一段落了,上述过程真实地还原了我思考和探索此题的过程,我平时研究学习问题也基本都是遵循这个模式. 虽然比较慢,一个问题可能要做很多天. 但是乐在其中,而且我觉得效率最高的学习方式就是带着问题学习. 一个问题只有你多方尝试、深入思考、屡战屡败、屡败屡战,最终历经千辛万苦,山穷水复、柳暗花明,你才真正提升了解题能力. 解题过程中你尝试了自己学过的各种方法,复习

了掌握的各种模型，得到各种解法，将很多看起来风马牛不相及的问题本质上联系起来，才算是学到了新的东西. 即使这个题目你没有做出来，但是你也复习巩固了很多学过的知识和结论.

当然，至大无外、至小无内，这里其实还有很多问题值得进一步挖掘和研究，例如圆内接四边形彭色列点的性质及一般的四边形彭色列点的性质都值得深入挖掘.

附录4　解析几何中与欧拉－察柏尔公式相关的问题

欧拉－察柏尔公式的内容为：$OI^2=R^2-2Rr$（其中O,I分别为$\triangle ABC$的外心和内心，R,r为圆O、圆I的半径），而且此命题的逆命题也是正确的. 我在前面鸡爪定理系列文章给出了证明，说了一些相关问题，但是限于篇幅，没有详细写. 本篇文章想写写此定理在解析几何中的应用，把高考及自主招生中相关的几个试题写一下.

此公式的一种理解方式是，如图1所示，如果一个大圆的内接三角形是小圆的外切三角形，则两个圆之间满足上述关系式，则过大圆上任意一点A'作小圆切线与大圆交于B'，C'两点，则$B'C'$为小圆切线. 此定理称为封闭定理.

这个结论特别“漂亮”，人见人爱. 而且可以大大推广，今天主要讲讲其在解析几何中的推广，即如果一个圆锥曲线C_1的内接三角形是圆锥曲线C_2的外切三角形，则过C_1上任意一点A'作C_2的切线与C_1交于B'，C'两点，则$B'C'$为C_2的切线.

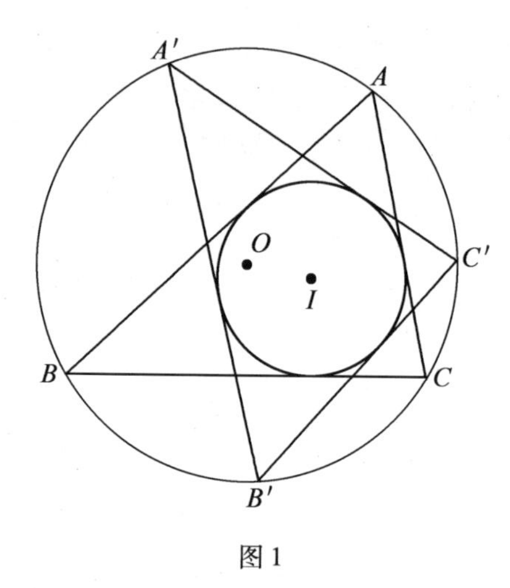

图 1

1. (1982 年高考压轴题) 如图 2, 抛物线 $y^2=2px$ 的内接三角形有两边与 $x^2=2qy$ 相切, 证明此三角形第三条边也与其相切.

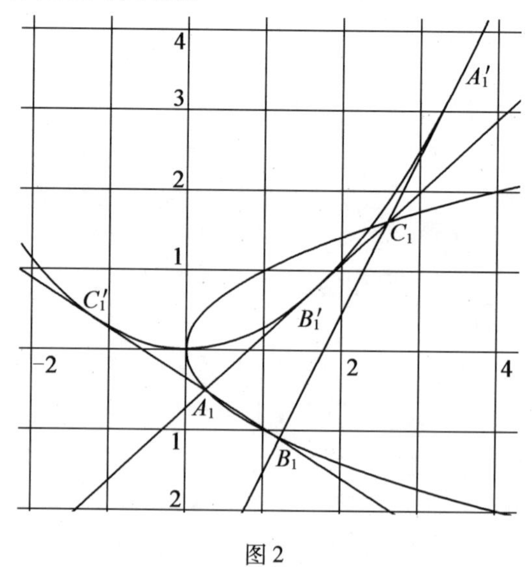

图 2

分析:此题显然是欧拉－察柏尔定理两个圆推广到两个抛物线的情形.结论也很奇妙,基本思路是利用抛物线的割线切线的方程及韦达定理.有两个思路,要么以内接三角形为主,要么以外切三角形为主.

解法1　证明如果第一条抛物线的三条切线中的两个交点在另一个抛物线上,则第三个交点也在此抛物线上.

设抛物线 $x^2=2qy$ 内接三角形坐标为 $A_1(x_1,\frac{x_1^2}{2q})$, $A_2(x_2,\frac{x_2^2}{2q})$, $A_3(x_3,\frac{x_3^2}{2q})$,则 A_1A_2 斜率为

$$k_{A_1A_2}=\frac{x_1^2-x_2^2}{2q(x_1-x_2)}=\frac{x_1+x_2}{2q}$$

A_1A_2 方程为

$$y=\frac{x_1+x_2}{2q}(x-x_1)+\frac{x_1^2}{2q}$$

即

$$(x_1+x_2)x-2qy-x_1x_2=0$$

由切线的定义为割线的极限知当 x_2 无限接近 x_1 时, A_1A_2 即为过 A_1 的切线

$$2x_1x-2qy-x_1^2=0$$

同理过 A_2 的切线为

$$2x_2x-2qy-x_2^2=0$$

联立解得过 A_1 和过 A_2 的切线的交点为

$$B_3(\frac{x_1+x_2}{2},\frac{x_1x_2}{2q})$$

由 B_3 在抛物线上知

$$\frac{(x_1x_2)^2}{4q^2}=\frac{p(x_1+x_2)}{q}$$

即

$$x_1^2x_2^2-4pqx_2-4pqx_1=0$$

同理可得

$$x_1^2x_3^2-4pqx_3-4pqx_1=0$$

故 x_2,x_3 为方程 $x_1^2x^2-4pqx-4pqx_1=0$ 两个不等实根.

由韦达定理得

$$x_2+x_3=\frac{4pq}{x_1^2},x_2x_3=\frac{-4pq}{x_1}$$

从而

$$x_2^2x_3^2-4pq(x_2+x_3)=\frac{16pq}{x_1^2}-\frac{16pq}{x_1^2}=0$$

即若 B_2,B_3 在其上,则 B_1 也在此抛物线上,证毕.

解法2 不失一般性,设 $p>0,q>0$,又设 $y^2=2px$ 的内接三角形顶点为

$$A_1(x_1,y_1),A_2(x_2,y_2),A_3(x_3,y_3)$$

因此

$$y_1^2=2px_1,y_2^2=2px_2,y_3^2=2px_3$$

其中

$$y_1\neq y_2,\ y_2\neq y_3,\ y_3\neq y_1$$

依题意,设 A_1A_2,A_2A_3 与抛物线 $x^2=2qy$ 相切,要证 A_3A_1 也与抛物线 $x^2=2qy$ 相切.

因为 $x^2=2qy$ 在原点 O 处的切线是 $y^2=2px$ 的对称轴,所以原点 O 不能是所设内接三角形的顶点,即 $(x_1,y_1),(x_2,y_2),(x_3,y_3)$,都不能是$(0,0)$;又因 A_1A_2 与 $x^2=2qy$ 相切,所以 A_1A_2 不能与 Y 轴平行,即 $x_1\neq x_2$, $y_1\neq -y_2$,直线 A_1A_2 的方程是 $y-y_1=\frac{y_2-y_1}{x_2-x_1}(x-x_1)$,因为 $y_2^2-y_1^2=(y_2-y_1)(y_2+y_1)=2p(x_2-x_1)$.

所以 A_1A_2 方程是 $y=\frac{2p}{y_1+y_2}x+\frac{y_1y_2}{y_1+y_2}$.

A_1A_2 与抛物线 $x^2=2qy$ 交点的横坐标满足

$$x^2-\frac{4pq}{y_1+y_2}x-\frac{2qy_1y_2}{y_1+y_2}=0$$

由于 A_1A_2 与抛物线 $x^2=2qy$ 相切,上面二次方程的判别式

$$\Delta=(-\frac{4pq}{y_1+y_2})^2+4(\frac{2qy_1y_2}{y_1+y_2})=0$$

化简得

$$2p^2q+y_1y_2(y_1+y_2)=0 \quad (1)$$

同理,由于 A_2A_3 与抛物线 $x^2=2qy$ 相切,A_2A_3 也不能与 Y 轴平行,即 $x_2\neq x_3$, $y_2\neq -y_3$,同样得到

$$2p^2q+y_2y_3(y_2+y_3)=0 \quad (2)$$

由(1)(2)两方程及 $y_2\neq 0$,$y_1\neq y_3$,得 $y_1+y_2+y_3=0$.

由上式及 $y_2\neq 0$,得 $y_3\neq -y_1$,也就是 A_3A_1 也不能与 Y 轴平行今将 $y_2=-y_1-y_3$ 代入式(1)得

$$2p^2q+y_3y_1(y_3+y_1)=0 \quad (3)$$

式(3)说明 A_3A_1 与抛物线 $x^2=2qy$ 的两个交点重合,即 A_3A_1 与抛物线$x^2=2qy$ 相切所以只要 A_1A_2,A_2A_3 与抛物线 $x^2=2qy$ 相切,则 A_3A_1 也与抛物线 $x^2=2qy$ 相切

2.(2011 年全国高中数学联赛 B 卷一试第 11 题)已知 $A_1(x_1,y_1)$,$A_2(x_2,y_2)$,$A_3(x_3,y_3)$是抛物线 $y^2=2px(p>0)$上不同的三点,$\triangle A_1A_2A_3$ 有两边所在直线与抛物线 $x^2=2qy(q>0)$相切,证明:对不同的 $i,j\in\{1,2,3\}$,$y_iy_j(y_i+y_j)$为定值.

解 本题其实与上题本质相同,只是问法有别. 由上题解法1知 $y_iy_j(y_i+y_j)=-2p^2q$.

3.(2011年高考浙江卷理科21)如图3,已知抛物线 $C_1:x^2=y$,圆 $C_2:x^2+(y-4)^2=1$ 的圆心为点 M.

(Ⅰ)求点 M 到抛物线 c_1 的准线的距离;

(Ⅱ)已知点 P 是抛物线 c_1 上一点(异于原点),过点 P 作圆 c_2 的两条切线,交抛物线 c_1 于 A,B 两点,若过 M,P 两点的直线 l 垂直于 AB,求直线 l 的方程.

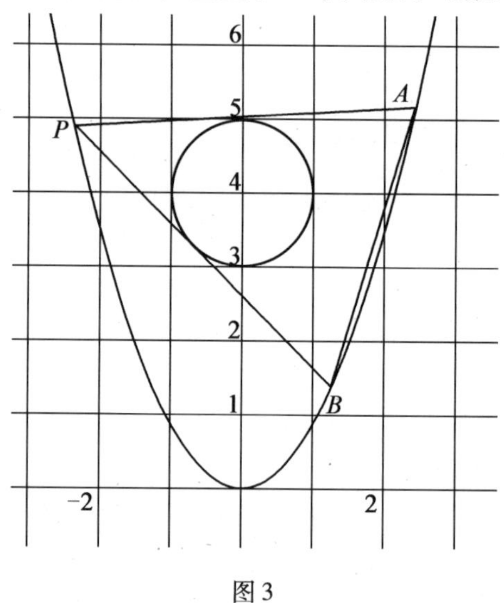

图3

解 (Ⅰ)由 $x^2=y$ 得准 $y=-\frac{1}{4}$线方程为 $x^2+(y-4)^2=1$,由 $x^2+(y-4)^2=1$ 得 $M(0,4)$,点 M 到抛物线 c_1 的准线的距离为 $4-(-\frac{1}{4})=\frac{17}{4}$.

(Ⅱ)设点 $P(x_0,x_0^2)$,$A(x_1,x_1^2)$,$B(x_2,x_2^2)$,由题意

得 $x\neq 0, x_0\neq \pm 1, x_1\neq x_2$，设过点 P 作圆 C_2 的切线方程为 $y-x_0^2=k(x-x_0)$，即

$$y=kx+x_0^2-kx_0 \qquad ①$$

则 $\frac{|kx_0+4-x_0^2|}{\sqrt{1+k^2}}=1$，即 $(x_0^2-1)kx^2-2x_0(4-x_0^2)k+(x_0^2-4)^2-1=0$. 设 PA,PB 的斜率为 $k_1,k_2(k_1\neq k_2)$，则 k_1,k_2 是上述方程的两个不相等的根，$k_1+k_2=-\frac{2x_0(4-x_0^2)}{x_0^2-1}$，$k_1\cdot k_2=\frac{(x_0^2-4)^2-1}{x_0^2-1}$，将 $y=x^2$ 代入①得

$$x^2-kx+kx_0-x_0^2=0$$

由于 x_0 是方程的根，故 $x_1=k_1-x_0, x_2=k_2-x_0$，所以

$$k_{AB}=\frac{x_1^2-x_2^2}{x_1-x_2}=x_1+x_2=k_1+k_2-2x_0$$

$$=-\frac{2x_0(4-x_0^2)}{x_0^2-1}-2x_0$$

$$k_{MP}=\frac{x_0^2-4}{x_0}$$

由 $MP\perp AB$ 得

$$-1=k_{AB}k_{MP}=\left(-\frac{2x_0(4-x_0^2)}{x_0^2-1}-2x_0\right)\frac{x_0^2-4}{x_0}$$

解得 $x_0^2=\frac{23}{5}$.

点 P 的坐标为$\left(\pm\sqrt{\frac{23}{5}},\frac{23}{5}\right)$，直线 l 的方程为

$$y=\pm\frac{3\sqrt{115}}{115}x+4$$

4.（2010 年清华大学保送生考试试题）若实数 x_1，

x_2, x_3 两两不等，且 $\sqrt{1+(x_1+x_2)^2} = |x_1x_2+2|$，$\sqrt{1+(x_1+x_3)^2} = |x_1x_3+2|$，证明：$\sqrt{1+(x_2+x_3)^2} = |x_2x_3+2|$，并由本结论说出 $y=x^2-2$ 的一条几何性质.

证明 依题意得

$$\sqrt{1+(x_1+x_2)^2} = |x_1x_2+2|$$

平方得

$$1+(x_1+x_2)^2 = (x_1x_2)^2+4x_1x_2+4$$

整理得

$$(x_1^2-1)x_2^2+2x_1x_2+3-x_1^2=0$$

同理，可得

$$(x_1^2-1)x_3^2+2x_1x_3+3-x_1^2=0$$

故 x_2, x_3 为方程 $(x_1^2-1)x^2+2x_1x+3-x_1^2=0$，两个不等实根.

由韦达定理得

$$x_2+x_3=\frac{-2x_1}{x_1^2-1}, x_2x_3=\frac{3-x_1^2}{x_1^2-1}$$

从而

$$\begin{aligned}
&\sqrt{1+(x_2+x_3)^2} - |x_2x_3+2| \\
&= \sqrt{1+\frac{4x_1^2}{(x_1^2-1)^2}} - \left|\frac{3-x_1^2}{x_1^2-1}+2\right| \\
&= \frac{x_1^2+1-x_1^2-1}{|x_1^2-1|} = 0
\end{aligned}$$

即得

$$\sqrt{1+(x_2+x_3)^2} = |x_2x_3+2|$$

此方程的几何意义为原点到直线的 $y=(x_1+x_2)x-$

x_1x_2-2 距离为1，如图4，此直线显然是抛物线 $y=x^2-2$ 上任意两点的连线. 从而我们得到其几何性质为：过抛物线 $y=x^2-2$ 上任意一点 A 作单位圆切线与抛物线交于另两点 B,C，则点 B,C 也与单位圆相切.

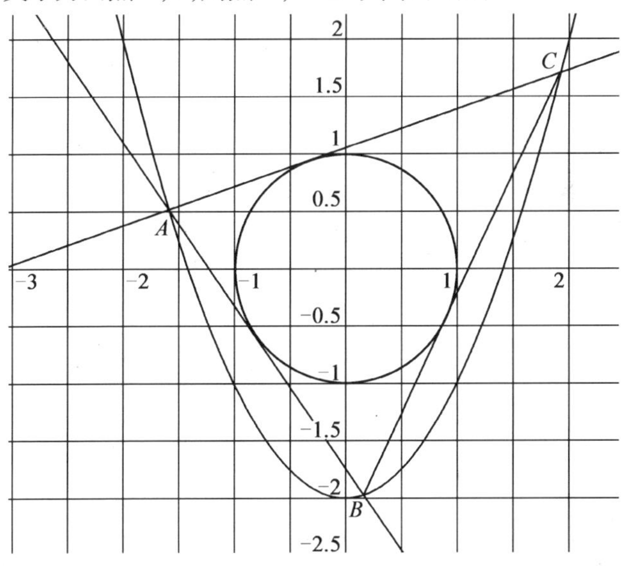

图4

注　这显然是两个圆锥曲线，即一个是抛物线、一个是圆的形式.

5. 设 A_1 为抛物线 $4y=x^2$ 上任意一点，是否存在 $r>0$ 使得过 A_1 作圆 $x^2+(y-2)^2=r^2$ 切线与抛物线交于另两点 A_2,A_3，则点 A_2,A_3 也与单位圆相切.

思路　解法与上题类似，设出点得到割线方程，由点到直线距离得到关系式，最后由韦达定理得到证明结果.

解 设抛物线 $x^2=4y$ 内接三角形坐标为 $A_1(x_1,\frac{x_1^2}{4})$, $A_2(x_2,\frac{x_2^2}{4})$, $A_3(x_3,\frac{x_3^2}{4})$, 则 A_1A_2 斜率为

$$k_{A_1A_2}=\frac{x_1^2-x_2^2}{4(x_1-x_2)}=\frac{x_1+x_2}{4}$$

A_1A_2 方程为

$$y=\frac{x_1+x_2}{4}(x-x_1)+\frac{x_1^2}{4}$$

即

$$(x_1+x_2)x-4y-x_1x_2=0$$

由与圆相切得

$$r=\frac{|x_1x_2+8|}{\sqrt{16+(x_1+x_2)^2}}$$

即

$$r^2(x_1^2+x_2^2+2x_1x_2+16)=x_1^2x_2^2+16x_1x_2+64$$

即

$$(r^2-x_1^2)x_2^2+2x_1(r^2-8)x_2+16r^2-64+r^2x_1^2=0$$

同理,可得

$$(r^2-x_1^2)x_3^2+2x_1(r^2-8)x_3+16r^2-64+r^2x_1^2=0$$

故 x_2,x_3 为方程 $(r^2-x_1^2)x^2+2x_1(r^2-8)x+16r^2-64+r^2x_1^2=0$ 的两个不等实根. 由韦达定理得

$$x_2+x_3=\frac{-2x_1(r^2-8)}{r^2-x_1^2},x_2x_3=\frac{16r^2-64+r^2x_1^2}{r^2-x_1^2}$$

从而

$$r=\frac{|x_2x_3+8|}{\sqrt{16+(x_2+x_3)^2}}=\frac{\left|\frac{16r^2-64+r^2x_1^2}{r^2-x_1^2}+8\right|}{\sqrt{16+(\frac{2x_1(r^2-8)}{r^2-x_1^2})^2}}$$

$$= \frac{|(r^2-8)x_1^2+24r^2-64|}{\sqrt{16(r^2-x_1^2)^2+4x_1^2(r^2-8)^2}}$$

比较 x_1 最高项系数可得

$$|r^2-8|=4r, 又 r<2$$

故得 $r^2-8=-4r, r=2\sqrt{3}-2$，带入上式检验知成立.

综上得 $r=2\sqrt{3}-2$，即若 B_3, B_2 在上，则 B_1 也在此抛物线上，证毕.

6.（2009 年高考数学江西省文科 22 题）如图 5，已知圆 $G:(x-2)^2+y^2=r^2$ 是椭圆 $\frac{x^2}{16}+y^2=1$ 的内接 $\triangle ABC$ 的内切圆，其中 A 为椭圆的左顶点.

（1）求圆 G 的半径 r；

（2）过点 $M(0,1)$ 作圆 G 的两条切线交椭圆于 E，F 两点，证明：直线 EF 与圆 G 相切.

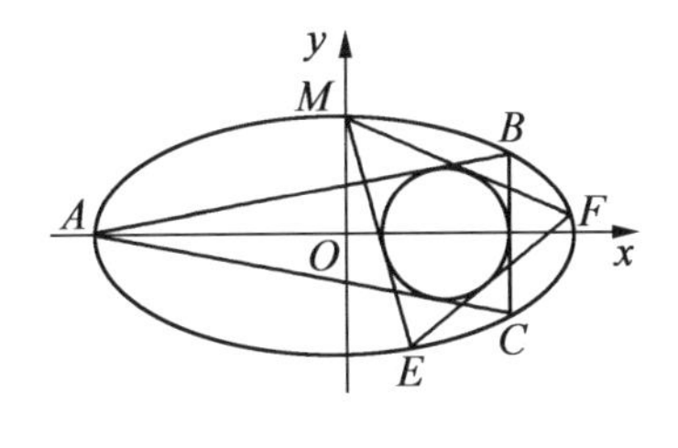

图 5

解　（1）设 $B(2+r, y_0)$，过圆心 G 作 $GD \perp AB$ 于 D，BC 交长轴于点 H，由 $\frac{GD}{AD}=\frac{HB}{AH}$，得 $\frac{r}{\sqrt{36-r^2}}=\frac{y_0}{6+r}$，即

$$y_0=\frac{r\sqrt{6+r}}{\sqrt{6-r}} \tag{1}$$

而点$B(2+r,y_0)$在椭圆上,则

$$y_0^2=1-\frac{(2+r)^2}{16}=\frac{12-4r-r^2}{16}=-\frac{(r-2)(r+6)}{16} \qquad (2)$$

由式(1)(2)得$15r^2+8r-12=0$,解得$r=\frac{2}{3}$或$r=-\frac{6}{5}$(舍去).

(2) 设过点$M(0,1)$与圆$(x-2)^2+y^2=\frac{4}{9}$相切的直线方程为

$$y-1=kx \qquad (3)$$

则

$$\frac{2}{3}=\frac{|2k+1|}{\sqrt{1+k^2}}$$

即

$$32k^2+36k+5=0 \qquad (4)$$

解得

$$k_1=\frac{-9+\sqrt{41}}{16},k_2=\frac{-9-\sqrt{41}}{16}$$

将式(3)代入$\frac{x^2}{16}+y^2=1$得$(16k^2+1)x^2+32kx=0$,则异于零的解为$x=-\frac{32k}{16k^2+1}$.

设$F(x_1,k_1x_1+1)$,$E(x_2,k_2x_2+1)$,则$x_1=-\frac{32k_1}{16k_1^2+1}$,$x_2=-\frac{32k_2}{16k_2^2+1}$,则直线$FE$的斜率为

$$k_{EF}=\frac{k_2x_2-k_1x_1}{x_2-x_1}=\frac{k_1+k_2}{1-16k_1k_2}=\frac{3}{4}$$

于是直线 FE 的方程为

$$y+\frac{32k_1^2}{16k_1^2+1}-1=\frac{3}{4}\left(x+\frac{32k_1}{16k_1^2+1}\right)$$

即 $y=\frac{3}{4}x-\frac{7}{3}$,则圆心(2,0)到直线 FE 的距离 $d=\frac{\left|\frac{3}{2}-\frac{7}{3}\right|}{\sqrt{1+\frac{9}{16}}}=\frac{2}{3}$.

故结论成立.

注　(1)本题显然是两个圆锥曲线一个是圆、一个是椭圆的情形. 虽然是文科高考题,但是运算量还是很大的. 其中第1问也可以直接设出直线的方程由点到直线距离得到等式,解得半径 r 的值.

(2)第2问运算略复杂. 而且显然本结论还能推广为当 M 为椭圆上任意一点时本结论均成立. 当然运算会更复杂,但是只要完全类比上述解法2即可得到. 有兴趣的读者可以尝试.

本文根据本人的眼界,溯本求源,基本按时间顺序讲解了欧拉－察柏尔公式即彭色列封闭定理在圆锥曲线中的应用. 不难发现上述解法有很多共同之处. 当然仰之弥高、钻之弥坚,封闭定理还可以大大推广,例如对于多边形亦然. 甚至将直线换成圆也成立,进一步在空间中也有类似结论. 有兴趣的读者可以进一步探讨.

刘培杰数学工作室
已出版(即将出版)图书目录——初等数学

书　　名	出版时间	定　价	编号
新编中学数学解题方法全书(高中版)上卷(第2版)	2018—08	58.00	951
新编中学数学解题方法全书(高中版)中卷(第2版)	2018—08	68.00	952
新编中学数学解题方法全书(高中版)下卷(一)(第2版)	2018—08	58.00	953
新编中学数学解题方法全书(高中版)下卷(二)(第2版)	2018—08	58.00	954
新编中学数学解题方法全书(高中版)下卷(三)(第2版)	2018—08	68.00	955
新编中学数学解题方法全书(初中版)上卷	2008—01	28.00	29
新编中学数学解题方法全书(初中版)中卷	2010—07	38.00	75
新编中学数学解题方法全书(高考复习卷)	2010—01	48.00	67
新编中学数学解题方法全书(高考真题卷)	2010—01	38.00	62
新编中学数学解题方法全书(高考精华卷)	2011—03	68.00	118
新编平面解析几何解题方法全书(专题讲座卷)	2010—01	18.00	61
新编中学数学解题方法全书(自主招生卷)	2013—08	88.00	261
数学奥林匹克与数学文化(第一辑)	2006—05	48.00	4
数学奥林匹克与数学文化(第二辑)(竞赛卷)	2008—01	48.00	19
数学奥林匹克与数学文化(第二辑)(文化卷)	2008—07	58.00	36
数学奥林匹克与数学文化(第三辑)(竞赛卷)	2010—01	48.00	59
数学奥林匹克与数学文化(第四辑)(竞赛卷)	2011—08	58.00	87
数学奥林匹克与数学文化(第五辑)	2015—06	98.00	370
世界著名平面几何经典著作钩沉——几何作图专题卷(共3卷)	2022—01	198.00	1460
世界著名平面几何经典著作钩沉(民国平面几何老课本)	2011—03	38.00	113
世界著名平面几何经典著作钩沉(建国初期平面三角老课本)	2015—08	38.00	507
世界著名解析几何经典著作钩沉——平面解析几何卷	2014—01	38.00	264
世界著名数论经典著作钩沉(算术卷)	2012—01	28.00	125
世界著名数学经典著作钩沉——立体几何卷	2011—02	28.00	88
世界著名三角学经典著作钩沉(平面三角卷Ⅰ)	2010—06	28.00	69
世界著名三角学经典著作钩沉(平面三角卷Ⅱ)	2011—01	38.00	78
世界著名初等数论经典著作钩沉(理论和实用算术卷)	2011—07	38.00	126
世界著名几何经典著作钩沉(解析几何卷)	2022—10	68.00	1564
发展你的空间想象力(第3版)	2021—01	98.00	1464
空间想象力进阶	2019—05	68.00	1062
走向国际数学奥林匹克的平面几何试题诠释.第1卷	2019—07	88.00	1043
走向国际数学奥林匹克的平面几何试题诠释.第2卷	2019—09	78.00	1044
走向国际数学奥林匹克的平面几何试题诠释.第3卷	2019—03	78.00	1045
走向国际数学奥林匹克的平面几何试题诠释.第4卷	2019—09	98.00	1046
平面几何证明方法全书	2007—08	35.00	1
平面几何证明方法全书习题解答(第2版)	2006—12	18.00	10
平面几何天天练上卷·基础篇(直线型)	2013—01	58.00	208
平面几何天天练中卷·基础篇(涉及圆)	2013—01	28.00	234
平面几何天天练下卷·提高篇	2013—01	58.00	237
平面几何专题研究	2013—07	98.00	258
平面几何解题之道.第1卷	2022—05	38.00	1494
几何学习题集	2020—10	48.00	1217
通过解题学习代数几何	2021—04	88.00	1301
圆锥曲线的奥秘	2022—06	88.00	1541

刘培杰数学工作室
已出版(即将出版)图书目录——初等数学

书　　名	出版时间	定　价	编号
最新世界各国数学奥林匹克中的平面几何试题	2007—09	38.00	14
数学竞赛平面几何典型题及新颖解	2010—07	48.00	74
初等数学复习及研究(平面几何)	2008—09	68.00	38
初等数学复习及研究(立体几何)	2010—06	38.00	71
初等数学复习及研究(平面几何)习题解答	2009—01	58.00	42
几何学教程(平面几何卷)	2011—03	68.00	90
几何学教程(立体几何卷)	2011—07	68.00	130
几何变换与几何证题	2010—06	88.00	70
计算方法与几何证题	2011—06	28.00	129
立体几何技巧与方法(第2版)	2022—10	168.00	1572
几何瑰宝——平面几何500名题暨1500条定理(上、下)	2021—07	168.00	1358
三角形的解法与应用	2012—07	18.00	183
近代的三角形几何学	2012—07	48.00	184
一般折线几何学	2015—08	48.00	503
三角形的五心	2009—06	28.00	51
三角形的六心及其应用	2015—10	68.00	542
三角形趣谈	2012—08	28.00	212
解三角形	2014—01	28.00	265
探秘三角形:一次数学旅行	2021—10	68.00	1387
三角学专门教程	2014—09	28.00	387
图天下几何新题试卷.初中(第2版)	2017—11	58.00	855
圆锥曲线习题集(上册)	2013—06	68.00	255
圆锥曲线习题集(中册)	2015—01	78.00	434
圆锥曲线习题集(下册·第1卷)	2016—10	78.00	683
圆锥曲线习题集(下册·第2卷)	2018—01	98.00	853
圆锥曲线习题集(下册·第3卷)	2019—10	128.00	1113
圆锥曲线的思想方法	2021—08	48.00	1379
圆锥曲线的八个主要问题	2021—10	48.00	1415
论九点圆	2015—05	88.00	645
近代欧氏几何学	2012—03	48.00	162
罗巴切夫斯基几何学及几何基础概要	2012—07	28.00	188
罗巴切夫斯基几何学初步	2015—06	28.00	474
用三角、解析几何、复数、向量计算解数学竞赛几何题	2015—03	48.00	455
用解析法研究圆锥曲线的几何理论	2022—05	48.00	1495
美国中学几何教程	2015—04	88.00	458
三线坐标与三角形特征点	2015—04	98.00	460
坐标几何学基础.第1卷,笛卡儿坐标	2021—08	48.00	1398
坐标几何学基础.第2卷,三线坐标	2021—09	28.00	1399
平面解析几何方法与研究(第1卷)	2015—05	18.00	471
平面解析几何方法与研究(第2卷)	2015—06	18.00	472
平面解析几何方法与研究(第3卷)	2015—07	18.00	473
解析几何研究	2015—01	38.00	425
解析几何学教程.上	2016—01	38.00	574
解析几何学教程.下	2016—01	38.00	575
几何学基础	2016—01	58.00	581
初等几何研究	2015—02	58.00	444
十九和二十世纪欧氏几何学中的片段	2017—01	58.00	696
平面几何中考.高考.奥数一本通	2017—07	28.00	820
几何学简史	2017—08	28.00	833
四面体	2018—01	48.00	880
平面几何证明方法思路	2018—12	68.00	913
折纸中的几何练习	2022—09	48.00	1559
中学新几何学(英文)	2022—10	98.00	1562
线性代数与几何	2023—04	68.00	1633

刘培杰数学工作室
已出版(即将出版)图书目录——初等数学

书　　名	出版时间	定　价	编号
平面几何图形特性新析. 上篇	2019—01	68.00	911
平面几何图形特性新析. 下篇	2018—06	88.00	912
平面几何范例多解探究. 上篇	2018—04	48.00	910
平面几何范例多解探究. 下篇	2018—12	68.00	914
从分析解题过程学解题:竞赛中的几何问题研究	2018—07	68.00	946
从分析解题过程学解题:竞赛中的向量几何与不等式研究(全 2 册)	2019—06	138.00	1090
从分析解题过程学解题:竞赛中的不等式问题	2021—01	48.00	1249
二维、三维欧氏几何的对偶原理	2018—12	38.00	990
星形大观及闭折线论	2019—03	68.00	1020
立体几何的问题和方法	2019—11	58.00	1127
三角代换论	2021—05	58.00	1313
俄罗斯平面几何问题集	2009—08	88.00	55
俄罗斯立体几何问题集	2014—03	58.00	283
俄罗斯几何大师——沙雷金论数学及其他	2014—01	48.00	271
来自俄罗斯的 5000 道几何习题及解答	2011—03	58.00	89
俄罗斯初等数学问题集	2012—05	38.00	177
俄罗斯函数问题集	2011—03	38.00	103
俄罗斯组合分析问题集	2011—01	48.00	79
俄罗斯初等数学万题选——三角卷	2012—11	38.00	222
俄罗斯初等数学万题选——代数卷	2013—08	68.00	225
俄罗斯初等数学万题选——几何卷	2014—01	68.00	226
俄罗斯《量子》杂志数学征解问题 100 题选	2018—08	48.00	969
俄罗斯《量子》杂志数学征解问题又 100 题选	2018—08	48.00	970
俄罗斯《量子》杂志数学征解问题	2020—05	48.00	1138
463 个俄罗斯几何老问题	2012—01	28.00	152
《量子》数学短文精粹	2018—09	38.00	972
用三角、解析几何等计算解来自俄罗斯的几何题	2019—11	88.00	1119
基谢廖夫平面几何	2022—01	48.00	1461
基谢廖夫立体几何	2023—04	48.00	1599
数学:代数、数学分析和几何(10—11 年级)	2021—01	48.00	1250
立体几何. 10—11 年级	2022—01	58.00	1472
直观几何学:5—6 年级	2022—04	58.00	1508
平面几何:9—11 年级	2022—10	48.00	1571
谈谈素数	2011—03	18.00	91
平方和	2011—03	18.00	92
整数论	2011—05	38.00	120
从整数谈起	2015—10	28.00	538
数与多项式	2016—01	38.00	558
谈谈不定方程	2011—05	28.00	119
质数漫谈	2022—07	68.00	1529
解析不等式新论	2009—06	68.00	48
建立不等式的方法	2011—03	98.00	104
数学奥林匹克不等式研究(第 2 版)	2020—07	68.00	1181
不等式研究(第二辑)	2012—02	68.00	153
不等式的秘密(第一卷)(第 2 版)	2014—02	38.00	286
不等式的秘密(第二卷)	2014—01	38.00	268
初等不等式的证明方法	2010—06	38.00	123
初等不等式的证明方法(第二版)	2014—11	38.00	407
不等式・理论・方法(基础卷)	2015—07	38.00	496
不等式・理论・方法(经典不等式卷)	2015—07	38.00	497
不等式・理论・方法(特殊类型不等式卷)	2015—07	48.00	498
不等式探究	2016—03	38.00	582
不等式探秘	2017—01	88.00	689
四面体不等式	2017—01	68.00	715
数学奥林匹克中常见重要不等式	2017—09	38.00	845

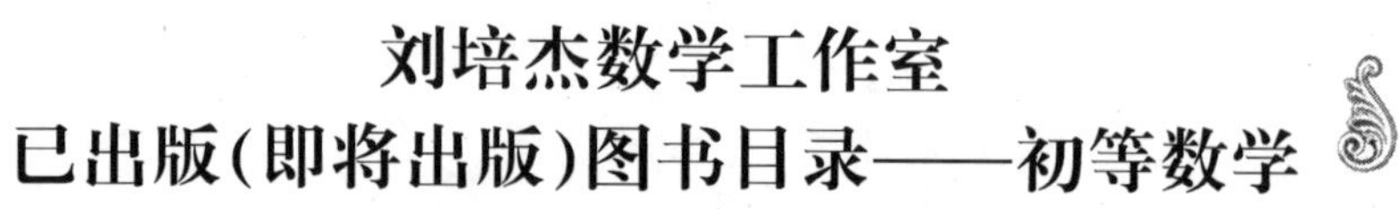

书　名	出版时间	定　价	编号
三正弦不等式	2018—09	98.00	974
函数方程与不等式:解法与稳定性结果	2019—04	68.00	1058
数学不等式.第1卷,对称多项式不等式	2022—05	78.00	1455
数学不等式.第2卷,对称有理不等式与对称无理不等式	2022—05	88.00	1456
数学不等式.第3卷,循环不等式与非循环不等式	2022—05	88.00	1457
数学不等式.第4卷,Jensen不等式的扩展与加细	2022—05	88.00	1458
数学不等式.第5卷,创建不等式与解不等式的其他方法	2022—05	88.00	1459
同余理论	2012—05	38.00	163
[x]与{x}	2015—04	48.00	476
极值与最值.上卷	2015—06	28.00	486
极值与最值.中卷	2015—06	38.00	487
极值与最值.下卷	2015—06	28.00	488
整数的性质	2012—11	38.00	192
完全平方数及其应用	2015—08	78.00	506
多项式理论	2015—10	88.00	541
奇数、偶数、奇偶分析法	2018—01	98.00	876
不定方程及其应用.上	2018—12	58.00	992
不定方程及其应用.中	2019—01	78.00	993
不定方程及其应用.下	2019—02	98.00	994
Nesbitt不等式加强式的研究	2022—06	128.00	1527
最值定理与分析不等式	2023—02	78.00	1567
一类积分不等式	2023—02	88.00	1579
邦费罗尼不等式及概率应用	2023—05	58.00	1637
历届美国中学生数学竞赛试题及解答(第一卷)1950—1954	2014—07	18.00	277
历届美国中学生数学竞赛试题及解答(第二卷)1955—1959	2014—04	18.00	278
历届美国中学生数学竞赛试题及解答(第三卷)1960—1964	2014—06	18.00	279
历届美国中学生数学竞赛试题及解答(第四卷)1965—1969	2014—04	28.00	280
历届美国中学生数学竞赛试题及解答(第五卷)1970—1972	2014—06	18.00	281
历届美国中学生数学竞赛试题及解答(第六卷)1973—1980	2017—07	18.00	768
历届美国中学生数学竞赛试题及解答(第七卷)1981—1986	2015—01	18.00	424
历届美国中学生数学竞赛试题及解答(第八卷)1987—1990	2017—05	18.00	769
历届中国数学奥林匹克试题集(第3版)	2021—10	58.00	1440
历届加拿大数学奥林匹克试题集	2012—08	38.00	215
历届美国数学奥林匹克试题集:1972～2019	2020—04	88.00	1135
历届波兰数学竞赛试题集.第1卷,1949～1963	2015—03	18.00	453
历届波兰数学竞赛试题集.第2卷,1964～1976	2015—03	18.00	454
历届巴尔干数学奥林匹克试题集	2015—05	38.00	466
保加利亚数学奥林匹克	2014—10	38.00	393
圣彼得堡数学奥林匹克试题集	2015—01	38.00	429
匈牙利奥林匹克数学竞赛题解.第1卷	2016—05	28.00	593
匈牙利奥林匹克数学竞赛题解.第2卷	2016—05	28.00	594
历届美国数学邀请赛试题集(第2版)	2017—10	78.00	851
普林斯顿大学数学竞赛	2016—06	38.00	669
亚太地区数学奥林匹克竞赛题	2015—07	18.00	492
日本历届(初级)广中杯数学竞赛试题及解答.第1卷(2000～2007)	2016—05	28.00	641
日本历届(初级)广中杯数学竞赛试题及解答.第2卷(2008～2015)	2016—05	38.00	642
越南数学奥林匹克题选:1962—2009	2021—07	48.00	1370
360个数学竞赛问题	2016—08	58.00	677
奥数最佳实战题.上卷	2017—06	38.00	760
奥数最佳实战题.下卷	2017—05	58.00	761
哈尔滨市早期中学数学竞赛试题汇编	2016—07	28.00	672
全国高中数学联赛试题及解答:1981—2019(第4版)	2020—07	138.00	1176
2022年全国高中数学联合竞赛模拟题集	2022—06	30.00	1521

刘培杰数学工作室
已出版(即将出版)图书目录——初等数学

书　　名	出版时间	定　价	编号
20 世纪 50 年代全国部分城市数学竞赛试题汇编	2017－07	28.00	797
国内外数学竞赛题及精解:2018～2019	2020－08	45.00	1192
国内外数学竞赛题及精解:2019～2020	2021－11	58.00	1439
许康华竞赛优学精选集.第一辑	2018－08	68.00	949
天问叶班数学问题征解 100 题.Ⅰ,2016－2018	2019－05	88.00	1075
天问叶班数学问题征解 100 题.Ⅱ,2017－2019	2020－07	98.00	1177
美国初中数学竞赛:AMC8 准备(共 6 卷)	2019－07	138.00	1089
美国高中数学竞赛:AMC10 准备(共 6 卷)	2019－08	158.00	1105
王连笑教你怎样学数学:高考选择题解题策略与客观题实用训练	2014－01	48.00	262
王连笑教你怎样学数学:高考数学高层次讲座	2015－02	48.00	432
高考数学的理论与实践	2009－08	38.00	53
高考数学核心题型解题方法与技巧	2010－01	28.00	86
高考思维新平台	2014－03	38.00	259
高考数学压轴题解题诀窍(上)(第 2 版)	2018－01	58.00	874
高考数学压轴题解题诀窍(下)(第 2 版)	2018－01	48.00	875
北京市五区文科数学三年高考模拟题详解:2013～2015	2015－08	48.00	500
北京市五区理科数学三年高考模拟题详解:2013～2015	2015－09	68.00	505
向量法巧解数学高考题	2009－08	28.00	54
高中数学课堂教学的实践与反思	2021－11	48.00	791
数学高考参考	2016－01	78.00	589
新课程标准高考数学解答题各种题型解法指导	2020－08	78.00	1196
全国及各省市高考数学试题审题要津与解法研究	2015－02	48.00	450
高中数学章节起始课的教学研究与案例设计	2019－05	28.00	1064
新课标高考数学——五年试题分章详解(2007～2011)(上、下)	2011－10	78.00	140,141
全国中考数学压轴题审题要津与解法研究	2013－04	78.00	248
新编全国及各省市中考数学压轴题审题要津与解法研究	2014－05	58.00	342
全国及各省市 5 年中考数学压轴题审题要津与解法研究(2015 版)	2015－04	58.00	462
中考数学专题总复习	2007－04	28.00	6
中考数学较难题常考题型解题方法与技巧	2016－09	48.00	681
中考数学难题常考题型解题方法与技巧	2016－09	48.00	682
中考数学中档题常考题型解题方法与技巧	2017－08	68.00	835
中考数学选择填空压轴好题妙解 365	2017－05	38.00	759
中考数学:三类重点考题的解法例析与习题	2020－04	48.00	1140
中小学数学的历史文化	2019－11	48.00	1124
初中平面几何百题多思创新解	2020－01	58.00	1125
初中数学中考备考	2020－01	58.00	1126
高考数学之九章演义	2019－08	68.00	1044
高考数学之难题谈笑间	2022－06	68.00	1519
化学可以这样学:高中化学知识方法智慧感悟疑难辨析	2019－07	58.00	1103
如何成为学习高手	2019－09	58.00	1107
高考数学:经典真题分类解析	2020－04	78.00	1134
高考数学解答题破解策略	2020－11	58.00	1221
从分析解题过程学解题:高考压轴题与竞赛题之关系探究	2020－08	88.00	1179
教学新思考:单元整体视角下的初中数学教学设计	2021－03	58.00	1278
思维再拓展:2020 年经典几何题的多解探究与思考	即将出版		1279
中考数学小压轴汇编初讲	2017－07	48.00	788
中考数学大压轴专题微言	2017－09	48.00	846
怎么解中考平面几何探索题	2019－06	48.00	1093
北京中考数学压轴题解题方法突破(第 8 版)	2022－11	78.00	1577
助你高考成功的数学解题智慧:知识是智慧的基础	2016－01	58.00	596
助你高考成功的数学解题智慧:错误是智慧的试金石	2016－04	58.00	643
助你高考成功的数学解题智慧:方法是智慧的推手	2016－04	68.00	657
高考数学奇思妙解	2016－04	38.00	610
高考数学解题策略	2016－05	48.00	670
数学解题泄天机(第 2 版)	2017－10	48.00	850

刘培杰数学工作室
已出版(即将出版)图书目录——初等数学

书　　名	出版时间	定　价	编号
高考物理压轴题全解	2017—04	58.00	746
高中物理经典问题 25 讲	2017—05	28.00	764
高中物理教学讲义	2018—01	48.00	871
高中物理教学讲义:全模块	2022—03	98.00	1492
高中物理答疑解惑 65 篇	2021—11	48.00	1462
中学物理基础问题解析	2020—08	48.00	1183
初中数学、高中数学脱节知识补缺教材	2017—06	48.00	766
高考数学小题抢分必练	2017—10	48.00	834
高考数学核心素养解读	2017—09	38.00	839
高考数学客观题解题方法和技巧	2017—10	38.00	847
十年高考数学精品试题审题要津与解法研究	2021—10	98.00	1427
中国历届高考数学试题及解答.1949—1979	2018—01	38.00	877
历届中国高考数学试题及解答.第二卷,1980—1989	2018—10	28.00	975
历届中国高考数学试题及解答.第三卷,1990—1999	2018—10	48.00	976
数学文化与高考研究	2018—03	48.00	882
跟我学解高中数学题	2018—07	58.00	926
中学数学研究的方法及案例	2018—05	58.00	869
高考数学抢分技能	2018—07	68.00	934
高一新生常用数学方法和重要数学思想提升教材	2018—06	38.00	921
2018 年高考数学真题研究	2019—01	68.00	1000
2019 年高考数学真题研究	2020—05	88.00	1137
高考数学全国卷六道解答题常考题型解题诀窍:理科(全 2 册)	2019—07	78.00	1101
高考数学全国卷 16 道选择、填空题常考题型解题诀窍.理科	2018—09	88.00	971
高考数学全国卷 16 道选择、填空题常考题型解题诀窍.文科	2020—01	88.00	1123
高中数学一题多解	2019—06	58.00	1087
历届中国高考数学试题及解答:1917—1999	2021—08	98.00	1371
2000～2003 年全国及各省市高考数学试题及解答	2022—05	88.00	1499
2004 年全国及各省市高考数学试题及解答	2022—07	78.00	1500
突破高原:高中数学解题思维探究	2021—08	48.00	1375
高考数学中的"取值范围"	2021—10	48.00	1429
新课程标准高中数学各种题型解法大全.必修一分册	2021—06	58.00	1315
新课程标准高中数学各种题型解法大全.必修二分册	2022—01	68.00	1471
高中数学各种题型解法大全.选择性必修一分册	2022—06	68.00	1525
高中数学各种题型解法大全.选择性必修二分册	2023—01	58.00	1600
高中数学各种题型解法大全.选择性必修三分册	2023—04	48.00	1643
历届全国初中数学竞赛经典试题详解	2023—04	88.00	1624
新编 640 个世界著名数学智力趣题	2014—01	88.00	242
500 个最新世界著名数学智力趣题	2008—06	48.00	3
400 个最新世界著名数学最值问题	2008—09	48.00	36
500 个世界著名数学征解问题	2009—06	48.00	52
400 个中国最佳初等数学征解老问题	2010—01	48.00	60
500 个俄罗斯数学经典老题	2011—01	28.00	81
1000 个国外中学物理好题	2012—04	48.00	174
300 个日本高考数学题	2012—05	38.00	142
700 个早期日本高考数学试题	2017—02	88.00	752
500 个前苏联早期高考数学试题及解答	2012—05	28.00	185
546 个早期俄罗斯大学生数学竞赛题	2014—03	38.00	285
548 个来自美苏的数学好问题	2014—11	28.00	396
20 所苏联著名大学早期入学试题	2015—02	18.00	452
161 道德国工科大学生必做的微分方程习题	2015—05	28.00	469
500 个德国工科大学生必做的高数习题	2015—06	28.00	478
360 个数学竞赛问题	2016—08	58.00	677
200 个趣味数学故事	2018—02	48.00	857
470 个数学奥林匹克中的最值问题	2018—10	88.00	985
德国讲义日本考题.微积分卷	2015—04	48.00	456
德国讲义日本考题.微分方程卷	2015—04	38.00	457
二十世纪中叶中、英、美、日、法、俄高考数学试题精选	2017—06	38.00	783

刘培杰数学工作室

已出版(即将出版)图书目录——初等数学

书　　名	出版时间	定　价	编号
中国初等数学研究　2009 卷(第 1 辑)	2009—05	20.00	45
中国初等数学研究　2010 卷(第 2 辑)	2010—05	30.00	68
中国初等数学研究　2011 卷(第 3 辑)	2011—07	60.00	127
中国初等数学研究　2012 卷(第 4 辑)	2012—07	48.00	190
中国初等数学研究　2014 卷(第 5 辑)	2014—02	48.00	288
中国初等数学研究　2015 卷(第 6 辑)	2015—06	68.00	493
中国初等数学研究　2016 卷(第 7 辑)	2016—04	68.00	609
中国初等数学研究　2017 卷(第 8 辑)	2017—01	98.00	712
初等数学研究在中国. 第 1 辑	2019—03	158.00	1024
初等数学研究在中国. 第 2 辑	2019—10	158.00	1116
初等数学研究在中国. 第 3 辑	2021—05	158.00	1306
初等数学研究在中国. 第 4 辑	2022—06	158.00	1520
几何变换(Ⅰ)	2014—07	28.00	353
几何变换(Ⅱ)	2015—06	28.00	354
几何变换(Ⅲ)	2015—01	38.00	355
几何变换(Ⅳ)	2015—12	38.00	356
初等数论难题集(第一卷)	2009—05	68.00	44
初等数论难题集(第二卷)(上、下)	2011—02	128.00	82,83
数论概貌	2011—03	18.00	93
代数数论(第二版)	2013—08	58.00	94
代数多项式	2014—06	38.00	289
初等数论的知识与问题	2011—02	28.00	95
超越数论基础	2011—03	28.00	96
数论初等教程	2011—03	28.00	97
数论基础	2011—03	18.00	98
数论基础与维诺格拉多夫	2014—03	18.00	292
解析数论基础	2012—08	28.00	216
解析数论基础(第二版)	2014—01	48.00	287
解析数论问题集(第二版)(原版引进)	2014—05	88.00	343
解析数论问题集(第二版)(中译本)	2016—04	88.00	607
解析数论基础(潘承洞,潘承彪著)	2016—07	98.00	673
解析数论导引	2016—07	58.00	674
数论入门	2011—03	38.00	99
代数数论入门	2015—03	38.00	448
数论开篇	2012—07	28.00	194
解析数论引论	2011—03	48.00	100
Barban Davenport Halberstam 均值和	2009—01	40.00	33
基础数论	2011—03	28.00	101
初等数论 100 例	2011—05	18.00	122
初等数论经典例题	2012—07	18.00	204
最新世界各国数学奥林匹克中的初等数论试题(上、下)	2012—01	138.00	144,145
初等数论(Ⅰ)	2012—01	18.00	156
初等数论(Ⅱ)	2012—01	18.00	157
初等数论(Ⅲ)	2012—01	28.00	158

刘培杰数学工作室
已出版(即将出版)图书目录——初等数学

书　　名	出版时间	定　价	编号
平面几何与数论中未解决的新老问题	2013－01	68.00	229
代数数论简史	2014－11	28.00	408
代数数论	2015－09	88.00	532
代数、数论及分析习题集	2016－11	98.00	695
数论导引提要及习题解答	2016－01	48.00	559
素数定理的初等证明. 第 2 版	2016－09	48.00	686
数论中的模函数与狄利克雷级数(第二版)	2017－11	78.00	837
数论:数学导引	2018－01	68.00	849
范氏大代数	2019－02	98.00	1016
解析数学讲义. 第一卷,导来式及微分、积分、级数	2019－04	88.00	1021
解析数学讲义. 第二卷,关于几何的应用	2019－04	68.00	1022
解析数学讲义. 第三卷,解析函数论	2019－04	78.00	1023
分析・组合・数论纵横谈	2019－04	58.00	1039
Hall 代数:民国时期的中学数学课本:英文	2019－08	88.00	1106
基谢廖夫初等代数	2022－07	38.00	1531
数学精神巡礼	2019－01	58.00	731
数学眼光透视(第 2 版)	2017－06	78.00	732
数学思想领悟(第 2 版)	2018－01	68.00	733
数学方法溯源(第 2 版)	2018－08	68.00	734
数学解题引论	2017－05	58.00	735
数学史话览胜(第 2 版)	2017－01	48.00	736
数学应用展观(第 2 版)	2017－08	68.00	737
数学建模尝试	2018－04	48.00	738
数学竞赛采风	2018－01	68.00	739
数学测评探营	2019－05	58.00	740
数学技能操握	2018－03	48.00	741
数学欣赏拾趣	2018－02	48.00	742
从毕达哥拉斯到怀尔斯	2007－10	48.00	9
从迪利克雷到维斯卡尔迪	2008－01	48.00	21
从哥德巴赫到陈景润	2008－05	98.00	35
从庞加莱到佩雷尔曼	2011－08	138.00	136
博弈论精粹	2008－03	58.00	30
博弈论精粹. 第二版(精装)	2015－01	88.00	461
数学 我爱你	2008－01	28.00	20
精神的圣徒　别样的人生——60 位中国数学家成长的历程	2008－09	48.00	39
数学史概论	2009－06	78.00	50
数学史概论(精装)	2013－03	158.00	272
数学史选讲	2016－01	48.00	544
斐波那契数列	2010－02	28.00	65
数学拼盘和斐波那契魔方	2010－07	38.00	72
斐波那契数列欣赏(第 2 版)	2018－08	58.00	948
Fibonacci 数列中的明珠	2018－06	58.00	928
数学的创造	2011－02	48.00	85
数学美与创造力	2016－01	48.00	595
数海拾贝	2016－01	48.00	590
数学中的美(第 2 版)	2019－04	68.00	1057
数论中的美学	2014－12	38.00	351

刘培杰数学工作室
已出版(即将出版)图书目录——初等数学

书　　名	出版时间	定　价	编号
数学王者　科学巨人——高斯	2015—01	28.00	428
振兴祖国数学的圆梦之旅:中国初等数学研究史话	2015—06	98.00	490
二十世纪中国数学史料研究	2015—10	48.00	536
数字谜、数阵图与棋盘覆盖	2016—01	58.00	298
时间的形状	2016—01	38.00	556
数学发现的艺术:数学探索中的合情推理	2016—07	58.00	671
活跃在数学中的参数	2016—07	48.00	675
数海趣史	2021—05	98.00	1314
数学解题——靠数学思想给力(上)	2011—07	38.00	131
数学解题——靠数学思想给力(中)	2011—07	48.00	132
数学解题——靠数学思想给力(下)	2011—07	38.00	133
我怎样解题	2013—01	48.00	227
数学解题中的物理方法	2011—06	28.00	114
数学解题的特殊方法	2011—06	48.00	115
中学数学计算技巧(第2版)	2020—10	48.00	1220
中学数学证明方法	2012—01	58.00	117
数学趣题巧解	2012—03	28.00	128
高中数学教学通鉴	2015—05	58.00	479
和高中生漫谈:数学与哲学的故事	2014—08	28.00	369
算术问题集	2017—03	38.00	789
张教授讲数学	2018—07	38.00	933
陈永明实话实说数学教学	2020—04	68.00	1132
中学数学学科知识与教学能力	2020—06	58.00	1155
怎样把课讲好:大罕数学教学随笔	2022—03	58.00	1484
中国高考评价体系下高考数学探秘	2022—03	48.00	1487
自主招生考试中的参数方程问题	2015—01	28.00	435
自主招生考试中的极坐标问题	2015—04	28.00	463
近年全国重点大学自主招生数学试题全解及研究.华约卷	2015—02	38.00	441
近年全国重点大学自主招生数学试题全解及研究.北约卷	2016—05	38.00	619
自主招生数学解证宝典	2015—09	48.00	535
中国科学技术大学创新班数学真题解析	2022—03	48.00	1488
中国科学技术大学创新班物理真题解析	2022—03	58.00	1489
格点和面积	2012—07	18.00	191
射影几何趣谈	2012—04	28.00	175
斯潘纳尔引理——从一道加拿大数学奥林匹克试题谈起	2014—01	28.00	228
李普希兹条件——从几道近年高考数学试题谈起	2012—10	18.00	221
拉格朗日中值定理——从一道北京高考试题的解法谈起	2015—10	18.00	197
闵科夫斯基定理——从一道清华大学自主招生试题谈起	2014—01	28.00	198
哈尔测度——从一道冬令营试题的背景谈起	2012—08	28.00	202
切比雪夫逼近问题——从一道中国台北数学奥林匹克试题谈起	2013—04	38.00	238
伯恩斯坦多项式与贝齐尔曲面——从一道全国高中数学联赛试题谈起	2013—03	38.00	236
卡塔兰猜想——从一道普特南竞赛试题谈起	2013—06	18.00	256
麦卡锡函数和阿克曼函数——从一道前南斯拉夫数学奥林匹克试题谈起	2012—08	18.00	201
贝蒂定理与拉姆贝克莫斯尔定理——从一个拣石子游戏谈起	2012—08	18.00	217
皮亚诺曲线和豪斯道夫分球定理——从无限集谈起	2012—08	18.00	211
平面凸图形与凸多面体	2012—10	28.00	218
斯坦因豪斯问题——从一道二十五省市自治区中学数学竞赛试题谈起	2012—07	18.00	196

刘培杰数学工作室 已出版(即将出版)图书目录——初等数学

书　名	出版时间	定　价	编号
纽结理论中的亚历山大多项式与琼斯多项式——从一道北京市高一数学竞赛试题谈起	2012-07	28.00	195
原则与策略——从波利亚"解题表"谈起	2013-04	38.00	244
转化与化归——从三大尺规作图不能问题谈起	2012-08	28.00	214
代数几何中的贝祖定理(第一版)——从一道 IMO 试题的解法谈起	2013-08	18.00	193
成功连贯理论与约当块理论——从一道比利时数学竞赛试题谈起	2012-04	18.00	180
素数判定与大数分解	2014-08	18.00	199
置换多项式及其应用	2012-10	18.00	220
椭圆函数与模函数——从一道美国加州大学洛杉矶分校(UCLA)博士资格考题谈起	2012-10	28.00	219
差分方程的拉格朗日方法——从一道 2011 年全国高考理科试题的解法谈起	2012-08	28.00	200
力学在几何中的一些应用	2013-01	38.00	240
从根式解到伽罗华理论	2020-01	48.00	1121
康托洛维奇不等式——从一道全国高中联赛试题谈起	2013-03	28.00	337
西格尔引理——从一道第 18 届 IMO 试题的解法谈起	即将出版		
罗斯定理——从一道前苏联数学竞赛试题谈起	即将出版		
拉克斯定理和阿廷定理——从一道 IMO 试题的解法谈起	2014-01	58.00	246
毕卡大定理——从一道美国大学数学竞赛试题谈起	2014-07	18.00	350
贝齐尔曲线——从一道全国高中联赛试题谈起	即将出版		
拉格朗日乘子定理——从一道 2005 年全国高中联赛试题的高等数学解法谈起	2015-05	28.00	480
雅可比定理——从一道日本数学奥林匹克试题谈起	2013-04	48.00	249
李天岩-约克定理——从一道波兰数学竞赛试题谈起	2014-06	28.00	349
受控理论与初等不等式:从一道 IMO 试题的解法谈起	2023-03	48.00	1601
布劳维不动点定理——从一道前苏联数学奥林匹克试题谈起	2014-01	38.00	273
伯恩赛德定理——从一道英国数学奥林匹克试题谈起	即将出版		
布查特-莫斯特定理——从一道上海市初中竞赛试题谈起	即将出版		
数论中的同余数问题——从一道普特南竞赛试题谈起	即将出版		
范・德蒙行列式——从一道美国数学奥林匹克试题谈起	即将出版		
中国剩余定理:总数法构建中国历史年表	2015-01	28.00	430
牛顿程序与方程求根——从一道全国高考试题解法谈起	即将出版		
库默尔定理——从一道 IMO 预选试题谈起	即将出版		
卢丁定理——从一道冬令营试题的解法谈起	即将出版		
沃斯滕霍姆定理——从一道 IMO 预选试题谈起	即将出版		
卡尔松不等式——从一道莫斯科数学奥林匹克试题谈起	即将出版		
信息论中的香农熵——从一道近年高考压轴题谈起	即将出版		
约当不等式——从一道希望杯竞赛试题谈起	即将出版		
拉比诺维奇定理	即将出版		
刘维尔定理——从一道《美国数学月刊》征解问题的解法谈起	即将出版		
卡塔兰恒等式与级数求和——从一道 IMO 试题的解法谈起	即将出版		
勒让德猜想与素数分布——从一道爱尔兰竞赛试题谈起	即将出版		
天平称重与信息论——从一道基辅市数学奥林匹克试题谈起	即将出版		
哈密尔顿-凯莱定理:从一道高中数学联赛试题的解法谈起	2014-09	18.00	376
艾思特曼定理——从一道 CMO 试题的解法谈起	即将出版		

刘培杰数学工作室

已出版(即将出版)图书目录——初等数学

书　　名	出版时间	定　价	编号
阿贝尔恒等式与经典不等式及应用	2018－06	98.00	923
迪利克雷除数问题	2018－07	48.00	930
幻方、幻立方与拉丁方	2019－08	48.00	1092
帕斯卡三角形	2014－03	18.00	294
蒲丰投针问题——从2009年清华大学的一道自主招生试题谈起	2014－01	38.00	295
斯图姆定理——从一道“华约”自主招生试题的解法谈起	2014－01	18.00	296
许瓦兹引理——从一道加利福尼亚大学伯克利分校数学系博士生试题谈起	2014－08	18.00	297
拉姆塞定理——从王诗宬院士的一个问题谈起	2016－04	48.00	299
坐标法	2013－12	28.00	332
数论三角形	2014－04	38.00	341
毕克定理	2014－07	18.00	352
数林掠影	2014－09	48.00	389
我们周围的概率	2014－10	38.00	390
凸函数最值定理:从一道华约自主招生题的解法谈起	2014－10	28.00	391
易学与数学奥林匹克	2014－10	38.00	392
生物数学趣谈	2015－01	18.00	409
反演	2015－01	28.00	420
因式分解与圆锥曲线	2015－01	18.00	426
轨迹	2015－01	28.00	427
面积原理:从常庚哲命的一道CMO试题的积分解法谈起	2015－01	48.00	431
形形色色的不动点定理:从一道28届IMO试题谈起	2015－01	38.00	439
柯西函数方程:从一道上海交大自主招生的试题谈起	2015－02	28.00	440
三角恒等式	2015－02	28.00	442
无理性判定:从一道2014年“北约”自主招生试题谈起	2015－01	38.00	443
数学归纳法	2015－03	18.00	451
极端原理与解题	2015－04	28.00	464
法雷级数	2014－08	18.00	367
摆线族	2015－01	38.00	438
函数方程及其解法	2015－05	38.00	470
含参数的方程和不等式	2012－09	28.00	213
希尔伯特第十问题	2016－01	38.00	543
无穷小量的求和	2016－01	28.00	545
切比雪夫多项式:从一道清华大学金秋营试题谈起	2016－01	38.00	583
泽肯多夫定理	2016－03	38.00	599
代数等式证题法	2016－01	28.00	600
三角等式证题法	2016－01	28.00	601
吴大任教授藏书中的一个因式分解公式:从一道美国数学邀请赛试题的解法谈起	2016－06	28.00	656
易卦——类万物的数学模型	2017－08	68.00	838
“不可思议”的数与数系可持续发展	2018－01	38.00	878
最短线	2018－01	38.00	879
数学在天文、地理、光学、机械力学中的一些应用	2023－03	88.00	1576
从阿基米德三角形谈起	2023－01	28.00	1578

书　　名	出版时间	定　价	编号
幻方和魔方(第一卷)	2012－05	68.00	173
尘封的经典——初等数学经典文献选读(第一卷)	2012－07	48.00	205
尘封的经典——初等数学经典文献选读(第二卷)	2012－07	38.00	206

书　　名	出版时间	定　价	编号
初级方程式论	2011－03	28.00	106
初等数学研究(Ⅰ)	2008－09	68.00	37
初等数学研究(Ⅱ)(上、下)	2009－05	118.00	46,47
初等数学专题研究	2022－10	68.00	1568

刘培杰数学工作室
已出版(即将出版)图书目录——初等数学

书　　名	出版时间	定　价	编号
趣味初等方程妙题集锦	2014—09	48.00	388
趣味初等数论选美与欣赏	2015—02	48.00	445
耕读笔记(上卷):一位农民数学爱好者的初数探索	2015—04	28.00	459
耕读笔记(中卷):一位农民数学爱好者的初数探索	2015—05	28.00	483
耕读笔记(下卷):一位农民数学爱好者的初数探索	2015—05	28.00	484
几何不等式研究与欣赏.上卷	2016—01	88.00	547
几何不等式研究与欣赏.下卷	2016—01	48.00	552
初等数列研究与欣赏·上	2016—01	48.00	570
初等数列研究与欣赏·下	2016—01	48.00	571
趣味初等函数研究与欣赏.上	2016—09	48.00	684
趣味初等函数研究与欣赏.下	2018—09	48.00	685
三角不等式研究与欣赏	2020—10	68.00	1197
新编平面解析几何解题方法研究与欣赏	2021—10	78.00	1426
火柴游戏(第2版)	2022—05	38.00	1493
智力解谜.第1卷	2017—07	38.00	613
智力解谜.第2卷	2017—07	38.00	614
故事智力	2016—07	48.00	615
名人们喜欢的智力问题	2020—01	48.00	616
数学大师的发现、创造与失误	2018—01	48.00	617
异曲同工	2018—09	48.00	618
数学的味道	2018—01	58.00	798
数学千字文	2018—10	68.00	977
数贝偶拾——高考数学题研究	2014—04	28.00	274
数贝偶拾——初等数学研究	2014—04	38.00	275
数贝偶拾——奥数题研究	2014—04	48.00	276
钱昌本教你快乐学数学(上)	2011—12	48.00	155
钱昌本教你快乐学数学(下)	2012—03	58.00	171
集合、函数与方程	2014—01	28.00	300
数列与不等式	2014—01	38.00	301
三角与平面向量	2014—01	28.00	302
平面解析几何	2014—01	38.00	303
立体几何与组合	2014—01	28.00	304
极限与导数、数学归纳法	2014—01	38.00	305
趣味数学	2014—03	28.00	306
教材教法	2014—04	68.00	307
自主招生	2014—05	58.00	308
高考压轴题(上)	2015—01	48.00	309
高考压轴题(下)	2014—10	68.00	310
从费马到怀尔斯——费马大定理的历史	2013—10	198.00	Ⅰ
从庞加莱到佩雷尔曼——庞加莱猜想的历史	2013—10	298.00	Ⅱ
从切比雪夫到爱尔特希(上)——素数定理的初等证明	2013—07	48.00	Ⅲ
从切比雪夫到爱尔特希(下)——素数定理100年	2012—12	98.00	Ⅲ
从高斯到盖尔方特——二次域的高斯猜想	2013—10	198.00	Ⅳ
从库默尔到朗兰兹——朗兰兹猜想的历史	2014—01	98.00	Ⅴ
从比勃巴赫到德布朗斯——比勃巴赫猜想的历史	2014—02	298.00	Ⅵ
从麦比乌斯到陈省身——麦比乌斯变换与麦比乌斯带	2014—02	298.00	Ⅶ
从布尔到豪斯道夫——布尔方程与格论漫谈	2013—10	198.00	Ⅷ
从开普勒到阿诺德——三体问题的历史	2014—05	298.00	Ⅸ
从华林到华罗庚——华林问题的历史	2013—10	298.00	Ⅹ

刘培杰数学工作室

已出版(即将出版)图书目录——初等数学

书　　名	出版时间	定　价	编号
美国高中数学竞赛五十讲. 第 1 卷(英文)	2014－08	28.00	357
美国高中数学竞赛五十讲. 第 2 卷(英文)	2014－08	28.00	358
美国高中数学竞赛五十讲. 第 3 卷(英文)	2014－09	28.00	359
美国高中数学竞赛五十讲. 第 4 卷(英文)	2014－09	28.00	360
美国高中数学竞赛五十讲. 第 5 卷(英文)	2014－10	28.00	361
美国高中数学竞赛五十讲. 第 6 卷(英文)	2014－11	28.00	362
美国高中数学竞赛五十讲. 第 7 卷(英文)	2014－12	28.00	363
美国高中数学竞赛五十讲. 第 8 卷(英文)	2015－01	28.00	364
美国高中数学竞赛五十讲. 第 9 卷(英文)	2015－01	28.00	365
美国高中数学竞赛五十讲. 第 10 卷(英文)	2015－02	38.00	366
三角函数(第 2 版)	2017－04	38.00	626
不等式	2014－01	38.00	312
数列	2014－01	38.00	313
方程(第 2 版)	2017－04	38.00	624
排列和组合	2014－01	28.00	315
极限与导数(第 2 版)	2016－04	38.00	635
向量(第 2 版)	2018－08	58.00	627
复数及其应用	2014－08	28.00	318
函数	2014－01	38.00	319
集合	2020－01	48.00	320
直线与平面	2014－01	28.00	321
立体几何(第 2 版)	2016－04	38.00	629
解三角形	即将出版		323
直线与圆(第 2 版)	2016－11	38.00	631
圆锥曲线(第 2 版)	2016－09	48.00	632
解题通法(一)	2014－07	38.00	326
解题通法(二)	2014－07	38.00	327
解题通法(三)	2014－05	38.00	328
概率与统计	2014－01	28.00	329
信息迁移与算法	即将出版		330
IMO 50 年. 第 1 卷(1959－1963)	2014－11	28.00	377
IMO 50 年. 第 2 卷(1964－1968)	2014－11	28.00	378
IMO 50 年. 第 3 卷(1969－1973)	2014－09	28.00	379
IMO 50 年. 第 4 卷(1974－1978)	2016－04	38.00	380
IMO 50 年. 第 5 卷(1979－1984)	2015－04	38.00	381
IMO 50 年. 第 6 卷(1985－1989)	2015－04	58.00	382
IMO 50 年. 第 7 卷(1990－1994)	2016－01	48.00	383
IMO 50 年. 第 8 卷(1995－1999)	2016－06	38.00	384
IMO 50 年. 第 9 卷(2000－2004)	2015－04	58.00	385
IMO 50 年. 第 10 卷(2005－2009)	2016－01	48.00	386
IMO 50 年. 第 11 卷(2010－2015)	2017－03	48.00	646

刘培杰数学工作室

已出版(即将出版)图书目录——初等数学

书　　名	出版时间	定　价	编号
数学反思(2006—2007)	2020—09	88.00	915
数学反思(2008—2009)	2019—01	68.00	917
数学反思(2010—2011)	2018—05	58.00	916
数学反思(2012—2013)	2019—01	58.00	918
数学反思(2014—2015)	2019—03	78.00	919
数学反思(2016—2017)	2021—03	58.00	1286
数学反思(2018—2019)	2023—01	88.00	1593
历届美国大学生数学竞赛试题集.第一卷(1938—1949)	2015—01	28.00	397
历届美国大学生数学竞赛试题集.第二卷(1950—1959)	2015—01	28.00	398
历届美国大学生数学竞赛试题集.第三卷(1960—1969)	2015—01	28.00	399
历届美国大学生数学竞赛试题集.第四卷(1970—1979)	2015—01	18.00	400
历届美国大学生数学竞赛试题集.第五卷(1980—1989)	2015—01	28.00	401
历届美国大学生数学竞赛试题集.第六卷(1990—1999)	2015—01	28.00	402
历届美国大学生数学竞赛试题集.第七卷(2000—2009)	2015—08	18.00	403
历届美国大学生数学竞赛试题集.第八卷(2010—2012)	2015—01	18.00	404
新课标高考数学创新题解题诀窍:总论	2014—09	28.00	372
新课标高考数学创新题解题诀窍:必修1～5分册	2014—08	38.00	373
新课标高考数学创新题解题诀窍:选修2—1,2—2,1—1,1—2分册	2014—09	38.00	374
新课标高考数学创新题解题诀窍:选修2—3,4—4,4—5分册	2014—09	18.00	375
全国重点大学自主招生英文数学试题全攻略:词汇卷	2015—07	48.00	410
全国重点大学自主招生英文数学试题全攻略:概念卷	2015—01	28.00	411
全国重点大学自主招生英文数学试题全攻略:文章选读卷(上)	2016—09	38.00	412
全国重点大学自主招生英文数学试题全攻略:文章选读卷(下)	2017—01	58.00	413
全国重点大学自主招生英文数学试题全攻略:试题卷	2015—07	38.00	414
全国重点大学自主招生英文数学试题全攻略:名著欣赏卷	2017—03	48.00	415
劳埃德数学趣题大全.题目卷.1:英文	2016—01	18.00	516
劳埃德数学趣题大全.题目卷.2:英文	2016—01	18.00	517
劳埃德数学趣题大全.题目卷.3:英文	2016—01	18.00	518
劳埃德数学趣题大全.题目卷.4:英文	2016—01	18.00	519
劳埃德数学趣题大全.题目卷.5:英文	2016—01	18.00	520
劳埃德数学趣题大全.答案卷:英文	2016—01	18.00	521
李成章教练奥数笔记.第1卷	2016—01	48.00	522
李成章教练奥数笔记.第2卷	2016—01	48.00	523
李成章教练奥数笔记.第3卷	2016—01	38.00	524
李成章教练奥数笔记.第4卷	2016—01	38.00	525
李成章教练奥数笔记.第5卷	2016—01	38.00	526
李成章教练奥数笔记.第6卷	2016—01	38.00	527
李成章教练奥数笔记.第7卷	2016—01	38.00	528
李成章教练奥数笔记.第8卷	2016—01	48.00	529
李成章教练奥数笔记.第9卷	2016—01	28.00	530

刘培杰数学工作室
已出版(即将出版)图书目录——初等数学

书　　名	出版时间	定　价	编号
第19～23届"希望杯"全国数学邀请赛试题审题要津详细评注(初一版)	2014—03	28.00	333
第19～23届"希望杯"全国数学邀请赛试题审题要津详细评注(初二、初三版)	2014—03	38.00	334
第19～23届"希望杯"全国数学邀请赛试题审题要津详细评注(高一版)	2014—03	28.00	335
第19～23届"希望杯"全国数学邀请赛试题审题要津详细评注(高二版)	2014—03	38.00	336
第19～25届"希望杯"全国数学邀请赛试题审题要津详细评注(初一版)	2015—01	38.00	416
第19～25届"希望杯"全国数学邀请赛试题审题要津详细评注(初二、初三版)	2015—01	58.00	417
第19～25届"希望杯"全国数学邀请赛试题审题要津详细评注(高一版)	2015—01	48.00	418
第19～25届"希望杯"全国数学邀请赛试题审题要津详细评注(高二版)	2015—01	48.00	419
物理奥林匹克竞赛大题典——力学卷	2014—11	48.00	405
物理奥林匹克竞赛大题典——热学卷	2014—04	28.00	339
物理奥林匹克竞赛大题典——电磁学卷	2015—07	48.00	406
物理奥林匹克竞赛大题典——光学与近代物理卷	2014—06	28.00	345
历届中国东南地区数学奥林匹克试题集(2004～2012)	2014—06	18.00	346
历届中国西部地区数学奥林匹克试题集(2001～2012)	2014—07	18.00	347
历届中国女子数学奥林匹克试题集(2002～2012)	2014—08	18.00	348
数学奥林匹克在中国	2014—06	98.00	344
数学奥林匹克问题集	2014—01	38.00	267
数学奥林匹克不等式散论	2010—06	38.00	124
数学奥林匹克不等式欣赏	2011—09	38.00	138
数学奥林匹克超级题库(初中卷上)	2010—01	58.00	66
数学奥林匹克不等式证明方法和技巧(上、下)	2011—08	158.00	134,135
他们学什么:原民主德国中学数学课本	2016—09	38.00	658
他们学什么:英国中学数学课本	2016—09	38.00	659
他们学什么:法国中学数学课本.1	2016—09	38.00	660
他们学什么:法国中学数学课本.2	2016—09	28.00	661
他们学什么:法国中学数学课本.3	2016—09	38.00	662
他们学什么:苏联中学数学课本	2016—09	28.00	679
高中数学题典——集合与简易逻辑·函数	2016—07	48.00	647
高中数学题典——导数	2016—07	48.00	648
高中数学题典——三角函数·平面向量	2016—07	48.00	649
高中数学题典——数列	2016—07	58.00	650
高中数学题典——不等式·推理与证明	2016—07	38.00	651
高中数学题典——立体几何	2016—07	48.00	652
高中数学题典——平面解析几何	2016—07	78.00	653
高中数学题典——计数原理·统计·概率·复数	2016—07	48.00	654
高中数学题典——算法·平面几何·初等数论·组合数学·其他	2016—07	68.00	655

刘培杰数学工作室
已出版(即将出版)图书目录——初等数学

书名	出版时间	定价	编号
台湾地区奥林匹克数学竞赛试题.小学一年级	2017—03	38.00	722
台湾地区奥林匹克数学竞赛试题.小学二年级	2017—03	38.00	723
台湾地区奥林匹克数学竞赛试题.小学三年级	2017—03	38.00	724
台湾地区奥林匹克数学竞赛试题.小学四年级	2017—03	38.00	725
台湾地区奥林匹克数学竞赛试题.小学五年级	2017—03	38.00	726
台湾地区奥林匹克数学竞赛试题.小学六年级	2017—03	38.00	727
台湾地区奥林匹克数学竞赛试题.初中一年级	2017—03	38.00	728
台湾地区奥林匹克数学竞赛试题.初中二年级	2017—03	38.00	729
台湾地区奥林匹克数学竞赛试题.初中三年级	2017—03	28.00	730
不等式证题法	2017—04	28.00	747
平面几何培优教程	2019—08	88.00	748
奥数鼎级培优教程.高一分册	2018—09	88.00	749
奥数鼎级培优教程.高二分册.上	2018—04	68.00	750
奥数鼎级培优教程.高二分册.下	2018—04	68.00	751
高中数学竞赛冲刺宝典	2019—04	68.00	883
初中尖子生数学超级题典.实数	2017—07	58.00	792
初中尖子生数学超级题典.式、方程与不等式	2017—08	58.00	793
初中尖子生数学超级题典.圆、面积	2017—08	38.00	794
初中尖子生数学超级题典.函数、逻辑推理	2017—08	48.00	795
初中尖子生数学超级题典.角、线段、三角形与多边形	2017—07	58.00	796
数学王子——高斯	2018—01	48.00	858
坎坷奇星——阿贝尔	2018—01	48.00	859
闪烁奇星——伽罗瓦	2018—01	58.00	860
无穷统帅——康托尔	2018—01	48.00	861
科学公主——柯瓦列夫斯卡娅	2018—01	48.00	862
抽象代数之母——埃米·诺特	2018—01	48.00	863
电脑先驱——图灵	2018—01	58.00	864
昔日神童——维纳	2018—01	48.00	865
数坛怪侠——爱尔特希	2018—01	68.00	866
传奇数学家徐利治	2019—09	88.00	1110
当代世界中的数学.数学思想与数学基础	2019—01	38.00	892
当代世界中的数学.数学问题	2019—01	38.00	893
当代世界中的数学.应用数学与数学应用	2019—01	38.00	894
当代世界中的数学.数学王国的新疆域(一)	2019—01	38.00	895
当代世界中的数学.数学王国的新疆域(二)	2019—01	38.00	896
当代世界中的数学.数林撷英(一)	2019—01	38.00	897
当代世界中的数学.数林撷英(二)	2019—01	48.00	898
当代世界中的数学.数学之路	2019—01	38.00	899

刘培杰数学工作室
已出版(即将出版)图书目录——初等数学

书　　名	出版时间	定　价	编号
105 个代数问题:来自 AwesomeMath 夏季课程	2019—02	58.00	956
106 个几何问题:来自 AwesomeMath 夏季课程	2020—07	58.00	957
107 个几何问题:来自 AwesomeMath 全年课程	2020—07	58.00	958
108 个代数问题:来自 AwesomeMath 全年课程	2019—01	68.00	959
109 个不等式:来自 AwesomeMath 夏季课程	2019—04	58.00	960
国际数学奥林匹克中的 110 个几何问题	即将出版		961
111 个代数和数论问题	2019—05	58.00	962
112 个组合问题:来自 AwesomeMath 夏季课程	2019—05	58.00	963
113 个几何不等式:来自 AwesomeMath 夏季课程	2020—08	58.00	964
114 个指数和对数问题:来自 AwesomeMath 夏季课程	2019—09	48.00	965
115 个三角问题:来自 AwesomeMath 夏季课程	2019—09	58.00	966
116 个代数不等式:来自 AwesomeMath 全年课程	2019—04	58.00	967
117 个多项式问题:来自 AwesomeMath 夏季课程	2021—09	58.00	1409
118 个数学竞赛不等式	2022—08	78.00	1526
紫色彗星国际数学竞赛试题	2019—02	58.00	999
数学竞赛中的数学:为数学爱好者、父母、教师和教练准备的丰富资源.第一部	2020—04	58.00	1141
数学竞赛中的数学:为数学爱好者、父母、教师和教练准备的丰富资源.第二部	2020—07	48.00	1142
和与积	2020—10	38.00	1219
数论:概念和问题	2020—12	68.00	1257
初等数学问题研究	2021—03	48.00	1270
数学奥林匹克中的欧几里得几何	2021—10	68.00	1413
数学奥林匹克题解新编	2022—01	58.00	1430
图论入门	2022—09	58.00	1554
澳大利亚中学数学竞赛试题及解答(初级卷)1978～1984	2019—02	28.00	1002
澳大利亚中学数学竞赛试题及解答(初级卷)1985～1991	2019—02	28.00	1003
澳大利亚中学数学竞赛试题及解答(初级卷)1992～1998	2019—02	28.00	1004
澳大利亚中学数学竞赛试题及解答(初级卷)1999～2005	2019—02	28.00	1005
澳大利亚中学数学竞赛试题及解答(中级卷)1978～1984	2019—03	28.00	1006
澳大利亚中学数学竞赛试题及解答(中级卷)1985～1991	2019—03	28.00	1007
澳大利亚中学数学竞赛试题及解答(中级卷)1992～1998	2019—03	28.00	1008
澳大利亚中学数学竞赛试题及解答(中级卷)1999～2005	2019—03	28.00	1009
澳大利亚中学数学竞赛试题及解答(高级卷)1978～1984	2019—05	28.00	1010
澳大利亚中学数学竞赛试题及解答(高级卷)1985～1991	2019—05	28.00	1011
澳大利亚中学数学竞赛试题及解答(高级卷)1992～1998	2019—05	28.00	1012
澳大利亚中学数学竞赛试题及解答(高级卷)1999～2005	2019—05	28.00	1013
天才中小学生智力测验题.第一卷	2019—03	38.00	1026
天才中小学生智力测验题.第二卷	2019—03	38.00	1027
天才中小学生智力测验题.第三卷	2019—03	38.00	1028
天才中小学生智力测验题.第四卷	2019—03	38.00	1029
天才中小学生智力测验题.第五卷	2019—03	38.00	1030
天才中小学生智力测验题.第六卷	2019—03	38.00	1031
天才中小学生智力测验题.第七卷	2019—03	38.00	1032
天才中小学生智力测验题.第八卷	2019—03	38.00	1033
天才中小学生智力测验题.第九卷	2019—03	38.00	1034
天才中小学生智力测验题.第十卷	2019—03	38.00	1035
天才中小学生智力测验题.第十一卷	2019—03	38.00	1036
天才中小学生智力测验题.第十二卷	2019—03	38.00	1037
天才中小学生智力测验题.第十三卷	2019—03	38.00	1038

刘培杰数学工作室
已出版(即将出版)图书目录——初等数学

书　　名	出版时间	定　价	编号
重点大学自主招生数学备考全书:函数	2020—05	48.00	1047
重点大学自主招生数学备考全书:导数	2020—08	48.00	1048
重点大学自主招生数学备考全书:数列与不等式	2019—10	78.00	1049
重点大学自主招生数学备考全书:三角函数与平面向量	2020—08	68.00	1050
重点大学自主招生数学备考全书:平面解析几何	2020—07	58.00	1051
重点大学自主招生数学备考全书:立体几何与平面几何	2019—08	48.00	1052
重点大学自主招生数学备考全书:排列组合・概率统计・复数	2019—09	48.00	1053
重点大学自主招生数学备考全书:初等数论与组合数学	2019—08	48.00	1054
重点大学自主招生数学备考全书:重点大学自主招生真题.上	2019—04	68.00	1055
重点大学自主招生数学备考全书:重点大学自主招生真题.下	2019—04	58.00	1056
高中数学竞赛培训教程:平面几何问题的求解方法与策略.上	2018—05	68.00	906
高中数学竞赛培训教程:平面几何问题的求解方法与策略.下	2018—06	78.00	907
高中数学竞赛培训教程:整除与同余以及不定方程	2018—01	88.00	908
高中数学竞赛培训教程:组合计数与组合极值	2018—04	48.00	909
高中数学竞赛培训教程:初等代数	2019—04	78.00	1042
高中数学讲座:数学竞赛基础教程(第一册)	2019—06	48.00	1094
高中数学讲座:数学竞赛基础教程(第二册)	即将出版		1095
高中数学讲座:数学竞赛基础教程(第三册)	即将出版		1096
高中数学讲座:数学竞赛基础教程(第四册)	即将出版		1097
新编中学数学解题方法 1000 招丛书.实数(初中版)	2022—05	58.00	1291
新编中学数学解题方法 1000 招丛书.式(初中版)	2022—05	48.00	1292
新编中学数学解题方法 1000 招丛书.方程与不等式(初中版)	2021—04	58.00	1293
新编中学数学解题方法 1000 招丛书.函数(初中版)	2022—05	38.00	1294
新编中学数学解题方法 1000 招丛书.角(初中版)	2022—05	48.00	1295
新编中学数学解题方法 1000 招丛书.线段(初中版)	2022—05	48.00	1296
新编中学数学解题方法 1000 招丛书.三角形与多边形(初中版)	2021—04	48.00	1297
新编中学数学解题方法 1000 招丛书.圆(初中版)	2022—05	48.00	1298
新编中学数学解题方法 1000 招丛书.面积(初中版)	2021—07	28.00	1299
新编中学数学解题方法 1000 招丛书.逻辑推理(初中版)	2022—06	48.00	1300
高中数学题典精编.第一辑.函数	2022—01	58.00	1444
高中数学题典精编.第一辑.导数	2022—01	68.00	1445
高中数学题典精编.第一辑.三角函数・平面向量	2022—01	68.00	1446
高中数学题典精编.第一辑.数列	2022—01	58.00	1447
高中数学题典精编.第一辑.不等式・推理与证明	2022—01	58.00	1448
高中数学题典精编.第一辑.立体几何	2022—01	58.00	1449
高中数学题典精编.第一辑.平面解析几何	2022—01	68.00	1450
高中数学题典精编.第一辑.统计・概率・平面几何	2022—01	58.00	1451
高中数学题典精编.第一辑.初等数论・组合数学・数学文化・解题方法	2022—01	58.00	1452
历届全国初中数学竞赛试题分类解析.初等代数	2022—09	98.00	1555
历届全国初中数学竞赛试题分类解析.初等数论	2022—09	48.00	1556
历届全国初中数学竞赛试题分类解析.平面几何	2022—09	38.00	1557
历届全国初中数学竞赛试题分类解析.组合	2022—09	38.00	1558

联系地址:哈尔滨市南岗区复华四道街 10 号　**哈尔滨工业大学出版社刘培杰数学工作室**

邮　　编:150006

联系电话:0451—86281378　　13904613167

E-mail:lpj1378@163.com